绿色农业原色图谱丛书

蔬菜病虫防治系列

# 豆类、葱蒜类蔬菜病虫防治原色图谱

张玉聚　任应党　主编

河南科学技术出版社

·郑州·

**图书在版编目(CIP)数据**

豆类、葱蒜类蔬菜病虫防治原色图谱/张玉聚，任应党主编．—郑州：河南科学技术出版社，2011.9

（绿色农业原色图谱丛书·蔬菜病虫防治系列）

ISBN 978-7-5349-5141-1

Ⅰ.①豆… Ⅱ.①张…②任… Ⅲ.①豆类蔬菜-病虫害防治-图解②鳞茎类蔬菜-病虫害防治-图谱 Ⅳ.①S436.43-64②S436.33-64

中国版本图书馆CIP数据核字（2011）第112746号

---

出版发行：河南科学技术出版社

地址：郑州市经五路66号　邮编：450002

电话：（0371）65737028　65788613

网址：www.hnstp.cn

策划编辑：申卫娟　杨秀芳　编辑信箱: hnstpnys@126.com

责任编辑：申卫娟　李　伟

责任校对：李淑华

封面设计：张　伟

版式设计：崔彦慧

责任印制：张　巍

印　　刷：郑州新海岸电脑彩色制印有限公司

经　　销：全国新华书店

幅面尺寸：190 mm × 210 mm　印张：5　字数：104千字

版　　次：2011年9月第1版　2011年9月第1次印刷

定　　价：20.00元

---

# 本书编写人员名单


主　　编　张玉聚　任应党

副 主 任　刘　胜　李伟东　王会艳

编写人员　（以姓氏笔画为序）

王会艳　王恒亮　任应党　刘　胜

孙化田　李伟东　李晓凯　吴仁海

张玉聚　张永超　张　慧　周新强

楚桂芬

# 前　言

豆类和葱蒜类蔬菜在我国各地均有种植，是重要的蔬菜品种。豆类蔬菜包括豇豆、菜豆、扁豆等，是一类可以周年供应的重要蔬菜品种，豆类蔬菜富含蛋白质，营养价值较高。葱蒜类蔬菜含有以多种烯丙基硫化物为主的挥发性物质，构成了特有的香辛味，这种物质除引起食欲外，还有杀灭和抑制多种病原物的作用，可以有效地提高人体的抗病能力。

我国幅员辽阔，气候、环境差异较大，加上栽培方式的不同，病虫害的种类和发生规律差别较大。据报道，豆类蔬菜田病虫害种类达80多种，其中以锈病、枯萎病、炭疽病、轮纹病、蚜虫等20多种病虫害发生为害较重；葱蒜类蔬菜田病虫害种类达100多种，其中以紫斑病、灰霉病、菌核病、地种蝇、潜叶蝇等10多种病虫害发生为害较重，因此，必须科学把握病虫害的发生规律与防治方法。为了有效地推广普及病虫害防治知识和农药应用技术，我们结合多年的科研和工作实践，查阅了大量国内外文献，针对豆类、葱蒜类蔬菜生产上的实际需要编著了《豆类、葱蒜类蔬菜病虫防治原色图谱》。

书中所列病虫害均是发生比较严重、生产上需要重点防治的对象，本书对这些重要病虫害的发生规律、防治技术作了全面的介绍，并分生育时期介绍了综合防治方法。书中所配病虫害诊断原色图片清晰、典型，易于田间识别对照。

农药是一种特殊商品，其技术性和区域性较强。同时，我国地域辽阔，各地豆类和葱蒜类蔬菜病虫害发生差异较大，防治方法要因地制宜，书中内容仅供参考。由于作者水平所限，书中不当之处，诚请各位专家和读者批评指正。

编　者

2011年8月

# 目　录

## 第一部分　侵染性病害

# 第一部分　侵染性病害

## 一、豇豆

### 豇豆枯萎病

**症　　状**　本病使豇豆根系发育不良，根部皮层腐烂，新根很少或没有。剖开根茎部或茎部，可见到维管束变黄褐色至黑褐色。常发生在开花结荚期，病株初期出现萎蔫状，早上和晚可恢复正常，后期枯死；下部叶片先变黄，然后逐渐向上发展；叶脉两侧变为黄色至黄褐色，叶脉呈褐色，严重时，全叶枯焦脱落。

豇豆枯萎病维管束褐变症状

豇豆枯萎病田间发病症状

**病　　原**　豆尖镰刀菌（*Fusarium oxysporum*），属半知菌亚门真菌。

**发生规律**　病菌以菌丝体在病残体、土壤和带菌肥料中越冬，种子也能带菌，成为翌年初的侵染源。病菌通过伤口或根毛顶端细胞侵入，主要靠水流进行短距离传播，扩大为害。春播豇豆一般在6月中旬至7月上旬为发病高峰期。低洼地，肥料不足且缺磷、钾肥，土质黏重，土壤偏酸和施未腐熟肥料时发病重。

防治方法　与其他非豆类蔬菜轮作，旱地3～5年，或与水稻轮作1年以上。施足不带菌的经过充分腐熟的优质有机肥，增施磷、钾肥。低洼地可采取高垄或半高垄地膜覆盖栽培，防止大水漫灌，雨后及时排水，田间不能积水。

种子处理。1%福尔马林药液浸种20～30分钟，或80%乙蒜素乳油2 000～4 000倍液浸种30～60分钟，或用种子重量0.3%的50%福美双可湿性粉剂+50%多菌灵可湿性粉剂拌种。

药剂防治。田间发现有个别病株时及时施药防治，可采用70%恶霉灵可湿性粉剂1 000～2 000倍液，或54.5%恶霉灵·福美双可湿性粉剂700～1 000倍液，或80%多菌灵·福美双·福美锌可溶性粉剂700～1 000倍液，或70%甲基硫菌灵可湿性粉剂600～800倍液+75%敌磺钠可溶性粉剂600倍液，或50%苯菌灵可湿性粉剂1 000～1 500倍液+50%福美双可湿性粉剂500～800倍液，或20%甲基立枯磷乳油800～1 000倍液+70%敌磺钠可溶性粉剂800倍液，或50%甲羟鎓水剂800～1 000倍液，或10%多抗霉素可湿性粉剂800～1 000倍液，或50%琥胶肥酸铜可湿性粉剂400～600倍液，或15%混合氨基酸铜·锌·锰·镁水剂200～400倍液，或23%络氨铜水剂300～500倍液，或80%乙蒜素乳油800～1 000倍液灌根防治，每株灌兑好的药液300毫升，视病情隔7～10天喷1次。



## 豇豆锈病

症　　状　本病主要为害叶片，严重时也可为害茎、蔓、叶柄及荚。叶片染病时，初现褪绿小黄斑，后中央稍突起，呈黄褐色近圆形疱斑，周围有黄色晕圈，后表皮破裂，散出红褐色粉末，即夏孢子。四周生紫黑色疱斑，即冬孢子堆。后期叶片布满锈褐色病斑，枯黄脱落。茎染病，症状与叶片相似。荚染病形成突出表皮的疱斑，表皮破裂

豇豆锈病叶片发病症状

豇豆锈病叶背发病症状

后，散出褐色粉状物。

**病　　原**　疣顶单胞锈菌（*Uromyces appendiculatus*），属担子菌亚门真菌。

**发生规律**　病菌以冬孢子在病残体上越冬，温暖地区以夏孢子越冬。翌春冬孢子萌发时产生担子和担孢子，借气流传播，从叶片气孔直接侵入。华北地区主要发生在夏、秋两季，长江中下游地区发病盛期在5～10月，华南地区发病盛期在4～7月。进入开花结荚期，气温20℃左右，高湿，昼夜温差大及结露持续时间长等时，此病易流行，秋播豆类及连作地发病重。夏季高温、多雨时发病重。

**防治方法**　春播宜早，清洁田园，深翻土壤，采用配方施肥技术，适当密植，及时整枝，雨后及时排水。

药剂防治。结合其他病害的防治加强预防，发病前，可采用25%嘧菌酯悬浮剂1 000～2 000倍液，或70%代森锰锌可湿性粉剂600～800倍液，或75%百菌清可湿性粉剂600～800倍液，或65%代森锌可湿性粉剂500～700倍液，或70%丙森锌可湿性粉剂600～800倍液，或68.75%噁唑菌酮·代森锰锌水分散粒剂800倍液喷雾防治，视病情隔7～10天喷1次。

田间发现病情及时施药防治，发病初期，可采用20%唑菌胺酯水分散粒剂1 000～2 000倍液，或30%苯醚甲环唑·丙环唑乳油3 000～4 000倍液，或6%氯苯嘧啶醇可湿性粉剂2 000～3 000倍液+75%百菌清可湿性粉剂600倍液，或12.5%烯唑醇可湿性粉剂2 000～3 000倍液+70%代森锰锌可湿性粉剂800倍液，或30%氟菌唑可湿性粉剂2 000～3 000倍液+70%代森锰锌可湿性粉剂600～800倍液，或24%腈苯唑悬浮剂2 000～3 000倍液+75%百菌清可湿性粉剂600～800倍液，或40%氟硅唑乳油8 000～10 000倍液+70%代森锰锌可湿性粉剂600～800倍液喷雾防治，视病情隔7～10天喷1次。

## 豇豆白粉病

**症　　状**　本病主要侵害叶片，首先在叶面出现黄褐色斑点，后扩大呈紫褐色斑，其上覆盖一层稀薄的白粉，后期病斑沿叶脉发展，白粉布满全叶，严重的叶片背面也可表现症状，导致叶片枯黄，引起大量落叶。

豇豆白粉病叶片发病初期症状

豇豆白粉病叶片发病后期症状

**病　　原**　菜豆单囊壳（*Sphaerotheca astragali*），属子囊菌亚门真菌。

**发生规律**　病菌多以菌丝体在多年生植株体内或以闭囊壳在病株残体上越冬，翌年春季产生子囊孢子，进行初侵染。最适发病环境温度为20～30℃，相对湿度40%～95%，最适感病生育期为开花结荚中后期。发病潜育期3～7天。叶片发病后，在感病部位再产生分生孢子，然后以分生孢子进行再侵染，并以此种方式在生长季节辗转侵染，至秋后，再产生子囊孢子或以菌丝体越冬。一般情况下，干旱年份或日夜温度差别大而叶面易于结露的年份发病重；早春温度偏高、多雨或梅雨期间易发病；秋季多雨、高温时易发病；连作地，排水不良，邻近重病田，种植过密，通风透光差，肥力不足早衰的易发病。上海地区豇豆白粉病的发病盛期一般在5～11月。

豇豆白粉病田间发病症状

**防治方法**　选用抗病品种。收获后及时清除病株残体，集中烧毁或深埋。施用腐熟的有机肥，加强管理，提高抗病能力。

药剂防治。发病初期，可采用62.25%腈菌唑·代森锰锌可湿性粉剂800～1 000倍液，或40%氟硅唑乳油4 000～6 000倍液+75%百菌清可湿性粉剂600倍液，或40%腈菌唑可湿性粉剂3 000～5 000倍液+70%代森锰锌可湿性粉剂800倍液，或25%乙嘧酚悬浮剂800～1 000倍液+70%代森联干悬浮剂800倍液，或30%醚菌酯悬浮剂2 000～3 000倍液，或4%嘧啶核苷类抗生素水剂500～800倍液+75%百菌清可湿性粉剂600倍液，或2%宁南霉素水剂300～500倍液+70%代森锰锌可湿性粉剂800倍液，或12.5%烯唑醇可湿性粉剂2 000～3 000倍液+70%代森锰锌可湿性粉剂800倍液喷雾防治，视病情隔7～10天喷1次。

## 豇豆炭疽病

**症　　状**　本病主要为害叶、茎、荚。叶片病斑发生在叶面上，后扩展成多角形小斑，红褐色，边缘颜色较深，后期易破裂。叶柄和茎上的病斑与子叶上的病斑相似，叶柄受害后，可造成叶片萎蔫。豆荚上最初产生褐色小点，圆形或椭圆形，中间黑褐色或

豇豆炭疽病叶片发病症状

豇豆炭疽病茎蔓发病症状

黑色，边缘淡褐色至粉红色。潮湿时，常溢出粉红色黏稠物。

**病　　原**　豆刺盘孢（*Colletotrichum lindemuthianum*），属半知菌亚门真菌。



**发生规律**　病菌以菌丝体潜伏在病残体、种子内和附着在种子上越冬，播种带菌种子，幼苗即可染病，借雨水、昆虫传播。翌春产生分生孢子，通过雨水飞溅进行初侵染，从伤口或直接侵入，并进行再侵染。长江中下游地区发病盛期为4～5月，8月中、下旬至11月上旬，秋季闷热多雨发病重。气温较低，湿度高，地势低洼，通风不良，栽培过密，土壤黏重，氮肥过量等因素会加重病情。

**防治方法**　深翻土地，增施磷、钾肥，及时拔除田间病苗，雨后及时中耕，施肥后培土，注意排涝，降低土壤含水量。进行地膜覆盖栽培，可防止或减轻土壤病菌传播，降低空气湿度。

豇豆炭疽病豆荚发病症状

种子处理。播种前用40%福尔马林200倍液浸种30分钟；50%代森铵水剂 400倍液浸种1小时，捞出用清水洗净晾干待播。或用种子重量0.3%的50%多菌灵可湿性粉剂，或50%福美双可湿性粉剂拌种后播种。

药剂防治。发病前加强预防，可采用50%醚菌酯干悬浮剂3 000倍液，或70%丙森锌可湿性粉剂800倍液，或75%百菌清可湿性粉剂600～800倍液，或70%代森锰锌可湿性粉剂500～800倍液，或50%克菌丹可湿性粉剂500倍液，或65%代森锌可湿性粉剂500～700倍液喷雾防治，视病情隔7～10天喷1次。

田间发现病情及时施药防治，发病初期，可采用10%苯醚甲环唑水分散粒剂1 000～1 500倍液，或40%多菌灵·福美双·溴菌腈可湿性粉剂800～1 500倍液，或25%溴菌腈可湿性粉剂500～1 000倍液+70%丙森锌可湿性粉剂800倍液，或70%甲基硫菌灵可湿性粉剂800～1 200倍液+80%福美双可湿性粉剂1 000～1 500倍液，或25%咪鲜胺乳油1 000～1 500倍液+75%百菌清可湿性粉剂600倍液，或50%苯菌灵可湿性粉剂1 000～1 500倍液+50%福美双可湿性粉剂500～800倍液喷雾防治，视病情隔7～10天喷1次。喷药要周到，特别注意叶背面，喷药后遇雨应及时补喷，施药时注意保护剂与治疗剂间的混用和轮用。



## 豇豆轮纹病

**症　　状**　本病主要为害叶片、茎及荚果。叶片初生浓紫色小斑，后扩大为近圆形褐色斑，斑面具明显赤褐色同心轮纹，潮湿时生暗色霉状物。茎部初生浓褐色不正形条斑，后绕茎扩展，致病部以上的茎枯死。荚上病斑紫褐色，具轮纹，病斑数量多时荚呈赤褐色。

豇豆轮纹病叶片发病症状

**病　　原**　豇豆尾孢菌（*Cercospora vignicola*），属半知菌亚门真菌。

**发生规律**　北方地区以菌丝体和分生孢子梗随病残体遗落土中，也可在种子内或黏附在种子表面越冬或越夏。由风雨传播，进行初侵染和再侵染。在南方冬季温暖地区，周年种植豇豆的地块，病菌以分生孢子辗转传播为害，无明显越冬或越夏期。高温高湿，早春气温回升早，夏秋连阴雨多，栽植密度过大，通风透光性差，连作低洼地等发病较严重。

**防治方法**　重病地块在生长季节结束时应彻底收集病残体烧毁，并深耕晒土，有条件时实行3年以上轮作。

种子处理。用种子重量0.3%的50%多菌灵可湿性粉剂拌种，或40%福尔马林200倍液浸种30分钟。



药剂防治。发病初期及时施药防治，可采用50%福美双·异菌脲可湿性粉剂800～1 000倍液，或25%嘧菌酯悬浮剂1 500～2 000倍液，或50%苯菌灵可湿性粉剂1 000～1 500倍液+70%代森锰锌可湿性粉剂700～1 000倍液，或10%苯醚甲环唑水分散粒剂1 500～2 000倍液+50%克菌丹可湿性粉剂500倍液，或40%腈菌唑水分散粒剂6 000～7 000倍液+70%代森锰锌可湿性粉剂500～800倍液，或25%联苯三唑醇可湿性粉剂800～1 200倍液+65%代森锌可湿性粉剂500～700倍液，或77%氢氧化铜可湿性微粒粉剂500～1 000倍液，或12%松酯酸铜乳油600～800倍液喷雾防治，视病情隔7～10天喷1次。

## 豇豆细菌性疫病

**症　　状**　苗期和成株期均可染病，主要侵染叶、茎蔓、豆荚和种子。幼苗期：子叶呈红褐色溃疡状，或在叶柄基部产生水浸状斑，扩大后为红褐色，病斑绕茎扩展，幼苗即折断干枯。成株期：叶片染病，始于叶尖或叶缘，初呈暗绿色油渍状小斑点，后扩展为不规则形褐斑，周围有黄色晕圈，湿度大时，溢出黄色菌脓，严重时病斑相连融合成一片，以致全叶枯凋，病部脆硬易破，最后叶片干枯。茎蔓染病，初生油浸状小斑，稍凹陷，红褐色，绕茎一周后，致上部茎叶枯萎。豆荚染病，初生暗绿色油渍状小斑，后扩大为稍凹陷的圆形至不规则形褐斑，严重时豆荚皱缩。

豇豆细菌性疫病发病症状

**病　　原**　野油菜黄单胞菌豇豆致病型（*Xanthomonas campestris*），属细菌。

**发生规律**　病原细菌在种子内或黏附在种皮上越冬，病菌在种子内能存活3年。借风、雨、昆虫传播，从寄生气孔、水孔、虫口侵入。主要发病盛期在4～11月。早春温度高、多雨时发病重，秋季多雨、多露发病重。栽培管理不当，大水漫灌，肥力不足或偏施氮肥造成长势差或徒长等，都易加重发病。

**防治方法**　与非豆类蔬菜进行3年以上的轮作；收获后清除病残体及田间四周的杂草；深翻土壤，合理密植，增加植株通风透光度，避免田间积水，不可大水漫灌。

种子处理。可用72%农用硫酸链霉素可溶性粉剂500倍液浸种6小时，或高锰酸钾1 000倍液浸种10～15分钟，洗净后播种。

药剂防治。发病初期，可采用72%农用硫酸链霉素可溶性粉剂3 000～4 000倍液，或88%水合霉素可溶性粉剂1 500～3 000倍液，或20%噻唑锌悬浮剂600～1 000倍液，或3%中生菌素可湿性粉剂600～800倍液，或47%春雷霉素·氧氯化铜可湿性粉剂700倍液，或86.2%氧化亚铜可湿性粉剂2 000～2 500倍液，或77%氢氧化铜可湿性粉剂1 000～1 500倍液，或14%络氨铜水剂500～800倍液喷雾防治，视病情隔7～10天喷1次。

## 豇豆病毒病

**症　　状**　本病主要表现在叶片上，嫩叶初呈明脉、失绿或皱缩，新长出的嫩叶呈花叶，浓绿色部分凹凸不平，叶片向下弯曲或叶肉或叶脉坏死。有些品种感病后变为畸形。病株矮缩或不矮缩，开花迟或落花。病株生长不良、矮化、花器变形、结荚少，有的病株黄化。

**病　　原**　常见的病原有3种，花叶病毒（*Cucumber mosaic virus*，CMV），烟草花叶病毒（*Tobacco mosaic virus*，TMV），豇豆普通花叶病毒（*Bean common mosaic virus*，BCMV），豇豆黄花叶病毒（*Bean yellow mosaic virus*，BYMV）。

**发生规律**　豇豆普通花叶病毒引起的花叶病主要靠种子传毒，此外也可通过桃蚜、菜缢管蚜、棉蚜及豆蚜等传毒；花叶病毒可通过种子传播，种子带毒率17%，豇豆黄花叶病毒和花叶病毒病病株初侵染源主要来自越冬寄主，在田间也可通过桃蚜和棉蚜传播。当植株春季发芽后，蚜虫开始活动或迁飞，成为传播此病的主要媒介；汁液摩擦也可传毒。发病适宜温度20～25℃，气温高于25℃多表现隐症。土壤中缺肥，植株生长期长期缺水，蚜虫发生多等时，发病重。

**防治方法**　适期早播早收，避开发病高峰，减少种子带毒率。夏播豇豆宜选择较凉爽地种植，或与小白菜等间、套种，适当密播。苗期进行浅中耕，使土壤通气良好。施肥量要轻，及时搭架引蔓，开花结荚期适量浇水、注意防涝，增强作物抗病力。有条件时可覆盖防虫网。

豇豆病毒病发病症状

药剂防治。蚜虫是病毒病的主要

传播媒介，积极防治蚜虫是预防病毒病的有效方法。可采用10%吡虫啉可湿性粉剂1 500～2 000倍液，或0.5%甲氨基阿维菌素乳油2 000～4 000倍液，或20%高效氯氰菊酯·噻嗪酮乳油1 500～3 000倍液，或10%吡丙醚·吡虫啉悬浮剂1 500～2 000倍液，或2.5%联苯菊酯乳油3 000～4 000倍液，或25%噻虫嗪可湿性粉剂2 000～3 000倍液，或3%啶虫脒乳油1 000～2 000倍液喷雾防治，视病情隔7天喷1次。

加强豇豆病毒病的预防，发病前期，可采用5%菌毒清水剂300～500倍液，或2%宁南霉素水剂200～400倍液，或4%嘧肽霉素水剂200～300倍液，或20%盐酸吗啉胍可湿性粉剂400～600倍液，或3.85%三氮唑核苷·硫酸铜·硫酸锌水乳剂600～800倍液，或1.5%硫酸铜·十二烷基硫酸钠·三十烷醇水乳剂1 000倍液，或3.95%三氮唑核苷·硫酸铜·三十烷醇·硫酸锌水剂500～800倍液，或31%吗啉胍·三氮唑核苷可溶性粉剂800倍液，或31%三氮唑核苷·吗啉胍可溶性粉剂600～800倍液，或1.05%三氮唑核苷·硫酸铜水剂300～500倍液喷雾防治，视病情隔5天喷1次。



## 豇豆根腐病

**症　　状**　本病主要为害根部和茎基部，病部产生褐色或黑色斑点，病株易拔出，纵剖病根，维管束呈红褐色，病情扩展后向茎部延伸，主根全部染病后，地上部茎叶萎蔫或枯死。湿度大时，病部产生粉红色霉状孢子。

**病　　原**　菜豆腐皮镰孢（*Fusarium solani*），属半知菌亚门真菌。

**发生规律**　病菌在病残体中存活，腐生性很强，可在土中存活10年或者更长时间。借助农具、雨水和灌溉水进行传播。从根部或茎基部伤口侵入。高温、高湿条件有利于发病，特别是在土壤含水量高时有利于病菌传播和侵入。地下害虫多，根系虫伤多，也有利于病菌侵入，连作地块发病重。

**防治方法**　采用深沟高垄、地膜覆盖栽培，生长期合理运用肥水，不能大水漫灌，

豇豆根腐病根部发病症状

浇水后及时浅耕、灭草、培土，以促进发根。注意排出田间积水，及时清除田间病株残体，发现病株及时拔除，并向四周撒石灰消毒。

药剂防治。病害发生初期，可采用20%甲基立枯磷乳油800～1 000倍液，或70%甲基硫菌灵可湿性粉剂500～700倍液，或35%福美双·甲霜灵可湿性粉剂800倍液，或50%氯溴异氰尿酸可溶性粉剂800～1 000倍液，或75%敌磺钠可溶性粉剂600～800倍液灌根防治，每株灌250毫升药液，视病情隔10天再灌1次。



## 豇豆根结线虫病

**症　　状**　本病主要发生在根部，须根或侧根染病后产生瘤状大小不等的根结。解剖根结，病部组织里有很多细小的乳白色线虫。根结之上一般可长出细弱的新根，致寄主再度染病，形成根结。地上部表现症状因发病的轻重程度不同而异，轻病株症状不明显，重病株生长不良，叶片中午萎蔫或逐渐枯黄，植株矮小，影响结实，发病严重时，全田枯死。

豇豆根结线虫病根部发病症状

**病　　原**　南方根结线虫（*Meloidogyne incognita*），属动物界线虫门。

**发生规律**　根结线虫多以2龄幼虫或卵随病残体遗留在5～30厘米土层中生存1～3

年，条件适宜时，越冬卵孵化为幼虫，继续发育后侵入豇豆根部，刺激根部细胞增生，产生新的根结或肿瘤。根结线虫发育到4龄时交尾产卵，雄线虫离开寄主钻入土中后很快死亡。产在根结里的卵孵化后发育至2龄后脱离卵壳，进入土壤中进行再侵染或越冬。豇豆连作后，根结线虫可逐渐成为优势种。田间发病的初始虫源主要是病土或病苗。南方根结线虫生存最适温度为25～30℃，高于40℃、低于5℃都很少活动，55℃经10分钟致死。田间土壤湿度是影响孵化和繁殖的重要条件。土壤湿度适合蔬菜生长，也适于根结线虫活动，雨季有利于孵化和侵染，但在干燥或过湿土壤中，其活动受到抑制。其为害沙土常较黏土重。

防治方法　根结线虫发生严重田块，实行2年或5年轮作，提倡采用高温闷棚防治保护地根结线虫和土传病害。

药剂防治。播种或移栽前，在整地时可用0.5%阿维菌素颗粒剂3～4千克/亩，或用5%丁硫克百威颗粒剂5～7千克/亩，或35%威百亩水剂4～6千克/亩，或10%噻唑膦颗粒剂1.5～2千克/亩，或98%棉隆微粒剂30～45克/米$^2$。

在生长过程中应急防治时，用48%毒死蜱乳油1 500倍液灌根，或用50%辛硫磷乳油1 000倍液，每株灌250毫升。

## 豇豆疫病

症　　状　叶片发病初期出现水渍状暗绿色斑，后扩展为近圆形至不规则形淡褐色病斑，边缘不明显，高湿时长出稀疏白霉。

病　　原　豇豆疫霉（*Phytophthora vignae Purss*），属鞭毛菌亚门真菌。

发生规律　病菌以卵孢子、厚垣孢子随病残体在土中或种子上越冬。翌年春初侵染，由越冬病菌借助风雨、灌溉水及雨水溅射而传播，从伤口或自然孔口侵入致病。病菌发育的温度为8～38℃，最适宜的温度为28～32℃，在5～6月多雨季节疫病易发生流行。如果雨季来得早，雨量大，雨天多，该病易流行。浇水过多，土质黏重，不利于根系发育，抗病力降低，发病重。施用未腐熟的有机肥，重茬连作，发病重。连作，低温，排水不良，田间郁闭，通透性差或施用未充分腐熟的有机肥等发病重。

豇豆疫病叶片发病症状

**防治方法**　与非豆类作物实行3年以上轮作，覆盖地膜阻挡土壤中病菌溅附到植株上，减少侵染机会。采用高畦栽植，避免积水。苗期控制浇水，结荚后做到见湿见干。发现中心病株，拔除深埋。



种子处理。用72.2%霜霉威盐酸盐水剂或25%甲霜灵可湿性粉剂800倍液浸种半小时后用清水浸种催芽，或用3.5%咯菌腈·精甲霜灵悬浮种衣剂每50千克种子用药300毫升，兑水1～2升，快速搅拌，使药液拌到种子上，然后摊开晾干后再播种。

药剂防治。及时调查病害情况，发现病情及时施药，发病前期开始施药，尤其是雨季到来之前先喷1次预防，雨后发现中心病株经拔除后，可采用10%氰霜唑悬浮剂2 000～3 000倍液+75%百菌清可湿性粉剂600倍液，或72.2%霜霉威盐酸盐水剂600～800倍液+70%丙森锌可湿性粉剂800倍液，或69%烯酰吗啉·代森锰锌可湿性粉剂800～1 000倍液，或60%氟吗啉·代森锰锌可湿性粉剂700～1 500倍液，或70%甲呋酰胺·代森锰锌可湿性粉剂600～800倍液，或66.8%丙森锌·异丙菌胺可湿性粉剂800～1 000倍液，或687.5克/升氟吡菌胺·霜霉威盐酸盐悬浮剂1 000～1 500倍液，或72%代森锰锌·霜脲氰可湿性粉剂500～800倍液，或25%嘧菌酯悬浮剂1 000～2 000倍液喷雾防治，视病情隔7～10天喷1次。

# 豇豆褐斑病

**症　　状**　叶片正、背面产生近圆形或不规则形褐色斑，边缘赤褐色，外缘有黄色晕圈，后期病斑中部变为灰白色至灰褐色，叶背病斑颜色稍深，边缘仍为赤褐色。湿度大时，叶背面病斑产生灰黑色霉状物。

豇豆褐斑病叶片发病症状

豇豆褐斑病叶背发病症状

**病　　原**　假尾孢菌（*Pseudocercospora cruenta*），属半知菌亚门真菌。

**发生规律**　病菌以菌丝体在病残体中越冬，靠气流传播，从植株表皮侵入；最适发病温度为20～25℃，相对湿度为85%；高温多雨天气，种植过密，通风不良，土壤含水量高，偏施氮肥等，发病较严重。

**防治方法**　与非豆类蔬菜实行2年轮作。合理密植，增施磷、钾肥，栽培结束后及时清洁田园。

药剂防治。发病初期，可采用50%苯菌灵可湿性粉剂800～1 000倍液+75%百菌清可湿性粉剂600倍液，或70%甲基硫菌灵可湿性粉剂500～700倍液+70%代森锰锌可湿性粉剂800倍液，或50%腐霉利可湿性粉剂1 000～1 500倍液+70%丙森锌可湿性粉剂800倍液，或50%苯菌灵可湿性粉剂1 000～1 500倍液+50%克菌丹可湿性粉剂500倍液，或

70%甲基硫菌灵可湿性粉剂800～1 000倍液+65%代森锌可湿性粉剂500～700倍液，或10%苯醚甲环唑水分散粒剂1 500～2 000倍液+70%代森锰锌可湿性粉剂500～800倍液，或24%腈苯唑悬浮剂2 500～3 200倍液+50%克菌丹可湿性粉剂500倍液，或40%腈菌唑水分散粒剂6 000～7 000倍液+70%代森锰锌可湿性粉剂500～800倍液喷雾防治，视病情隔7～10天喷1次。

## 豇豆红斑病

**症　　状**　叶片上的病斑近圆形至不规则形，有时受叶脉限制沿脉扩展，红色或红褐色，背面密生灰色霉层。严重的侵染豆荚，形成较大的红褐色斑，病斑中心黑褐色，后期密生灰黑色霉层。



**病　　原**　变灰尾孢（*Cercospora canescens*），属半知菌亚门真菌。

**发生规律**　病菌以菌丝体和分生孢子在种子或病残体中越冬，成为翌年初侵染源。生长季节为害叶片，经分生孢子多次再侵染，病原菌大量积累，遇有适宜条件即流行。高温、高湿有利于该病的发生和流行，秋季多雨，连作地发病重。

**防治方法**　选无病株留种，发病地收获后进行深耕，有条件的实行轮作。

药剂防治。发病初期，可采用28%百菌清·乙霉威可湿性粉剂600～800倍液，或25%咪鲜胺乳油800～1 000倍液+75%百菌清可湿性粉剂600倍液，或70%甲基硫菌灵可湿性粉剂500～800倍液+70%代森锰锌可湿性粉剂800倍液，或50%苯菌灵可湿性粉剂800～1 500倍液+70%代森联干悬浮剂800倍液，或80%福美双·福美锌可湿

豇豆红斑病叶片发病症状

性粉剂800～1 000倍液+2%嘧啶核苷类抗生素水剂300～500倍液，或25%嘧菌酯悬浮剂1 500～2 000倍液喷雾防治，视病情隔7～10天喷1次。

## 豇豆黑星病

**症　　状**　叶片染病，初期为绿色近圆形斑点，穿孔后，孔的边缘不整齐略皱缩，具有黄晕，受害处叶片常不平整，潮湿时病部容易产生橄榄绿色霉状物。

**病　　原**　枝孢霉（*Cladosporium cucumerinum*），属半知菌亚门真菌。

**发生规律**　病菌以菌丝体在病残体内于田间土壤中越冬，成为翌年初侵染源；也可以分生孢子附着在种子表面，或以菌丝潜伏在种皮内越冬，病菌可直接侵害幼苗。发病的最适温度为17℃。病菌主要从叶片表皮直接穿透，或从气孔和伤口侵入。气温较低，多雨或多雾，重茬地块，浇水多，通风不良等，发病较重。



**防治方法**　与非豆类蔬菜轮作，合理密植，适时适量施肥浇水。

种子处理。用冰乙酸100倍液浸种30分钟。

药剂防治。发病初期，可采用40%氟硅唑乳油3 000～5 000倍液+70%代森锰锌可湿性粉剂800倍液，或62.25%腈菌唑·代森锰锌可湿性粉剂700～1 000倍液，或5%亚胺唑可湿性粉剂1 000～2 000倍液+75%百菌清可湿性粉剂800倍液，或30%福美双·嘧霉胺可湿性粉剂800～1 000倍液+70%代森锰锌可湿性粉剂800倍液，或50%醚菌酯干悬浮剂3 000～4 000倍液，或70%甲基硫菌灵可湿性粉剂500～800倍液+50%敌菌丹可湿性粉剂500～800倍液，或50%苯菌灵可湿性粉剂1 000～1 500倍液+75%百菌清可湿

豇豆黑星病叶片发病症状

性粉剂800倍液，或2%武夷菌素水剂150～300倍液+70%代森联干悬浮剂700倍液喷雾防治，视病情隔7～10天喷1次。

## 豇豆黑斑病

**症　　状**　本病主要为害叶片，初生针头大的淡黄色斑点，逐渐扩大为圆形、不规则形病斑。病斑边缘齐整，周边淡黄色，斑面呈褐色至赤褐色，其上遍布暗褐色至黑褐色霉层。病叶前端斑块多，有时连片，造成叶片枯焦。

**病　　原**　黑链格孢（*Alternaria atrans*）和长喙生链格孢（*Alongirostrata*），均属半知菌亚门真菌。

**发生规律**　病菌以菌丝体和分生孢子在病部或随病残体遗落在土中越冬。翌年产生分生孢子借气流、风雨传播，从寄主表皮气孔或直接穿透表皮侵入。南方冬天温暖地区，病菌在寄主上辗转传播为害，不存在越冬现象。在温暖高湿条件下发病较重。秋季多雨、多雾、重露易引起病害发生。管理粗放的地块，排水不良，肥水缺乏导致植株长势衰弱，密度过大等，均易加重病害。

**防治方法**　与非豆科植物进行2年以上轮作。合理密植，高垄栽培，合理施肥，适度灌水，雨后及时排水。栽培结束后及时清除病残体，集中销毁，减少菌源。

豇豆黑斑病叶片发病症状

药剂防治。发病初期，可采用50%咪鲜胺锰络化合物可湿性粉剂800～1 500倍液，或50%异菌脲可湿性粉剂1 000～1 500倍液，或40%腈菌唑水分散粒剂4 000～6 000倍液，或10%苯醚甲环唑水分散粒剂1 500倍液，或25%溴菌腈可湿性粉剂500～800倍液+75%百菌清可湿性粉剂500～800倍液，或12.5%烯唑醇可湿性粉剂3 000～4 000倍液+70%代森锰锌可湿性粉剂500～800倍液，或43%戊唑醇悬浮剂3 000～4 000倍液+70%代森联干悬浮剂500～800倍液，或50%福美双·异菌脲可湿性粉剂800倍液，或25%啶氧菌酯悬浮剂800～1 000倍液，或2%嘧啶核苷类抗生素水剂200～500倍液+50%克菌丹可湿性粉剂500倍液喷雾防治，视病情隔7～10天喷1次。

## 豇豆细菌性叶斑病

**症　　状**　本病主要为害叶片和豆荚。叶片染病，初在叶面上产生红棕色不规则形或环形小病斑，叶斑边缘明显，叶背面的叶脉颜色变暗，叶斑扩展后病斑中心变成灰色且容易脱落呈穿孔状。豆荚染病，症状与叶片相似，但荚上的病斑较大一些。

**病　　原**　丁香假单胞菌丁香致病变种（*Pseudomonas syringae*），属细菌。

**发生规律**　病菌可在种子及病残体上越冬，借风雨、灌溉水传播蔓延。苗期至结荚期阴雨或降雨天气多，雨后易见此病发生和蔓延。

**防治方法**　实行3年以上轮作。严格检疫，防止种子带菌传播蔓延。加强栽培管理，避免田间湿度过大，减少田间结露条件。

药剂防治。从抽蔓上架病害发生前即开始预防，发病初期，可采用72%农用硫酸链霉素可溶性粉剂3 000～4 000倍液，或88%水合霉素可溶性粉剂1 500～3 000倍液，或3%中生菌素可湿性粉剂800～1 000倍液，或20%叶枯唑可湿性粉剂600～800倍液，或20%噻唑锌悬浮剂300～500倍液+12%松脂酸铜乳油600～800倍液，或20%噻菌铜悬浮剂1 000～1 500倍液，或20%喹菌酮水

豇豆细菌性叶斑病发病症状

剂1 000～1 500倍液，或50%氯溴异氰尿酸可溶性粉剂1 500～2 000倍液，或36%三氯异氰尿酸可湿性粉剂1 000～1 500倍液，或45%代森铵水剂400～600倍液喷雾防治，交替喷施，喷匀喷足，视病情隔7～10天喷1次。

## 豇豆立枯病

**症　　状**　本病主要为害茎枝蔓及茎基部。患部初现淡褐色椭圆形或梭形小斑，后绕茎蔓扩展，造成茎蔓成段变黄褐色至黄白色干枯，后期患部表面出现散生或聚生的小黑粒。茎基部染病可致苗枯，中上部枝蔓染病导致蔓枯，致植株长势逐渐衰退，影响开花结荚。

**病　　原**　立枯丝核菌（*Rhizoctonia solani*），属半知菌亚门真菌。

**发生规律**　病菌以菌丝体和分生孢子器随病残体遗落在土中越冬。以分生孢子器内生的分生孢子作为初侵与再侵接种体，通过雨水溅射而传播，从伤口或表皮侵入致病。高温多雨潮湿天气，种植地块通透性差，缺肥等都易发病。

**防治方法**　选择排水良好的高燥地块育苗，苗床选用无病土。

药剂防治。发病初期，可采用30%苯醚甲环唑·丙环唑乳油3 500～4 000倍液，或70%恶霉灵可湿性粉剂2 000～3 000倍液，或20%氟酰胺可湿性粉剂600～1 000倍液，或15%恶霉灵水剂500～700倍液+25%咪鲜胺乳油800～1 000倍液，或20%甲基立枯磷乳油800～1 200倍液+70%敌磺钠可溶性粉剂800倍液灌根防治，视病情隔7～10天喷1次。

豇豆立枯病发病症状

# 豇豆角斑病

**症　　状**　本病主要为害叶片和豆荚，一般发生在开花期，叶片上产生多角形灰色病斑，大小为5～8毫米，后变灰褐色至紫褐色，湿度大时叶背簇生灰紫色霉层；豆荚染病，病斑较大，灰褐色至紫褐色，不下陷，湿度大时也生霉状物。

**病　　原**　灰拟棒束孢（*Isariopsis griseola*），属半知菌亚门真菌。

**发生规律**　病菌以菌丝块或分生孢子在种子上越冬，翌年条件适宜时，产生分生孢子为害叶片，病部再产生分生孢子进行再侵染，秋季为害豆荚。早春温暖多雨或夏季连阴雨后骤晴，气温迅速升高等易发病；秋季多雨，多雾，露水多，光照不足，地势低洼积水，排水不良等都易发病。

**防治方法**　加强田间管理，合理密植，使田间通风透光，防止湿度过大；增施磷、钾肥，提高植株抗病力。收获后及时清除病残体，集中烧毁或深埋。



药剂防治。发病初期，可采用50%异菌脲可湿性粉剂1 000～1 500倍液+80%代森锰锌可湿性粉剂600～800倍液，或50%苯菌灵可湿性粉剂1 000～1 500倍液+50%福美双可湿性粉剂500～600倍液，或50%多菌灵可湿性粉剂625～750倍液+65%福美锌可湿性粉剂600～800倍液，或10%苯醚甲环唑水分散粒剂1 500～2 000倍液+80%代森锌可湿性粉剂600～800倍液，或24%腈苯唑悬浮剂2 000～3 000倍液+75%百菌清可湿性粉剂600～800倍液，或64%恶霜灵·代森锰锌可湿性粉剂600倍液，或20%噻菌酮悬浮剂400～600倍液喷雾防治，视病情隔7～10天喷1次。

豇豆角斑病豆荚发病症状

## 豇豆灰霉病

**症　　状**　茎、叶、花及荚均可染病。苗期子叶受害，呈水浸状变软下垂，后叶缘长出白灰霉层。叶片染病，形成较大的轮纹斑，后期易破裂。茎受害，先在根茎部上产生云纹斑，周缘深褐色，中部淡棕色或浅黄色，干燥时病斑表皮破裂形成纤维状，湿度大时病斑上生灰霉层。有时也发生在茎蔓分枝处，病部形成凹陷水浸斑，后萎蔫，潮湿时病部密生灰霉。荚果染病先侵染败落的花，后扩展到荚果，病斑初淡褐色至褐色后软腐，表面生灰霉。

**病　　原**　灰葡萄孢（*Botrytis cinerea*），属半知菌亚门真菌，有性世代为富克尔核盘菌（*Sclerotinia fuckeliana*），属子囊菌亚门真菌。

**发生规律**　病菌以菌丝、菌核或分生孢子越夏或越冬。翌春条件适宜时长出菌丝直接侵入植株，借雨水溅射传播。发病适温为20℃。败落的病花和腐烂的病荚、病叶，落在健康部位即可引起该部位发病。叶面结露，种植密度过大，田间通风透光性差，氮肥施用太多造成徒长，缺肥，高湿，多雨等都易发病。

**防治方法**　保护地栽培的豇豆，早上要先放风排湿，然后上午闭棚增温，下午再放风，透光降湿，多施充分腐熟的有机肥，增施磷、钾肥。

药剂防治。田间发现病情及时施药防治，发病初期，可采用50%异菌脲可湿性粉剂1 000～1 500倍液+80%代森锰锌可湿性粉剂600～800倍液，或50%啶酰菌胺水分散粒剂1 500～2 500倍液+50%福美双可湿性粉剂500～600倍液，或50%嘧菌环胺水分散粒剂1 000～1 500倍液+50%乙烯

豇豆灰霉病豆荚发病症状

菌核利可湿性粉剂800～1 000倍液，或25%啶菌噁唑乳油1 000～2 000倍液+70%代森联干悬浮剂700倍液，或40%嘧霉胺悬浮剂1 000～1 500倍液+3%多氧霉素水剂400～600倍液，或50%腐霉利可湿性粉剂1 000～2 000倍液+75%百菌清可湿性粉剂600倍液，或50%嘧菌环胺水分散粒剂800～1 000倍液+50%灭菌丹可湿性粉剂400～600倍液，或30%福美双·嘧霉胺可湿性粉剂800～1 200倍液，或50%福美双·异菌脲可湿性粉剂800～1 000倍液，或50%多菌灵·福美双·乙霉威可湿性粉剂800～1 200倍液，或1%长川霉素乳油100～300倍液+70%代森锰锌可湿性粉剂600～800倍液喷雾防治，视病情隔7天喷1次。为防止产生抗药性，提高防效，提倡交替或复配使用。

保护地发病初期，采用10%腐霉利烟剂200～250克/亩，或45%百菌清烟剂250克/亩，或15%百菌清·腐霉利烟剂25～40克/100米$^3$，或3%噻菌灵烟剂300～400克/亩熏烟。



## 豇豆褐缘白星病

**症　　状**　本病主要为害叶片，发病初期叶片上产生红色至紫红色小斑点，后扩展成近圆形或多角形，中间灰白色，边缘紫褐色至深紫褐色病斑，有时在病斑上可见黑色小斑点，发病严重时导致叶片干枯脱落。

**病　　原**　菜豆叶点霉（*Phyllosticta phaseolina* Sacc.），属半知菌亚门真菌。

**发生规律**　病菌在北方以菌丝体和分生孢子器随病残体在土壤中越冬，翌年条件适宜时产生分生孢子侵染为害；南方主要在豇豆上辗转为害。栽培密度大，田间通透性差，雨水较多，雨后田间易积水等，均易发病。

豇豆褐缘白星病叶片发病症状

**防治方法**　适当稀植，加强肥水管

理，促进植株生长，雨后及时排出田间积水；收获后及时清除田间病残体，并集中带出田外销毁。

药剂防治。发病初期，可采用70%甲基硫菌灵可湿性粉剂800～1 000倍液+70%代森锰锌可湿性粉剂700倍液，或70%丙森锌可湿性粉剂600～800倍液，或50%克菌丹可湿性粉剂400～600倍液，或77%氢氧化铜可湿性粉剂800倍液喷雾防治，视病情隔7～10天喷1次。

## 豇豆煤霉病

**症　　状**　发病初期在叶片上产生赤红色至紫褐色小斑点，后扩大成近圆形至多角形浅褐色病斑，发病后期湿度大时常在叶背病斑处产生灰黑色霉层。发病严重时叶片易枯死脱落，严重影响产量。



**病　　原**　菜豆假尾孢[*Pseudocercospora cruenta* (Sacc)Deighton]，属半知菌亚门真菌。

**发生规律**　病菌以菌丝块在病残体上越冬，翌年条件适宜时产生分生孢子，借助气流传播侵染为害。播种较晚，多雨年份，雨后田间易积水，雾多、雾重的年份等发病重。

**防治方法**　适期播种，播种密度不可过大；加强肥水管理，促进植株健壮生长，雨

豇豆煤霉病叶片发病症状

豇豆煤霉病叶背发病症状

后及时清除田间积水；收获结束后及时清除田间病残体并集中带出田外销毁。

药剂防治。发病初期，可采用50%异菌脲悬浮剂1 000～1 500倍液，或40%嘧霉胺·百菌清可湿性粉剂800～1 000倍液，或50%多菌灵·福美双·乙霉威可湿性粉剂800～1 000倍液+70%代森联干悬浮剂600～800倍液，或70%甲基硫菌灵可湿性粉剂800～1 000倍液+70%代森锰锌可湿性粉剂700倍液，或80%多菌灵·福美双·福美锌可湿性粉剂500～700倍液喷雾防治，视病情隔7～10天喷1次。

## 豇豆煤污病

**症　　状**　本病主要为害叶片，有时也可为害叶柄及茎。发病叶片背面生黄绿色近圆形或不规则形病斑，边缘不明显，斑面上生褐色绒毛状霉。霉层扩展迅速，可覆盖整个叶背；发病严重的病叶枯萎，叶柄或茎也常长出褐色毛状霉层。

**病　　原**　出芽短梗霉（*Aureobasidium pullulans*），属半知菌亚门真菌。

**发生规律**　病菌主要在土壤中及病残体上越冬，翌年条件适宜时产生分生孢子，借风雨及蚜虫、白粉虱等传播为害。光照弱、湿度大的棚室发病重。

**防治方法**　保护地栽培时，注意改变棚室小气候，提高其透光性和保温性。露地栽培时，注意雨后及时排水，防止湿气滞留；收获结束后及时清除田间病残体，并集中带出田外销毁。

重点防治蚜虫、温室白粉虱等害虫。

药剂防治。发病初期，可以采用50%苯菌灵可湿性粉剂1 000倍液+70%代森锰锌可湿性粉剂800倍液，或25%甲霜灵可湿性粉剂600倍液+75%百菌清可湿性粉剂500倍液，或70%甲基硫菌灵可湿性粉剂800倍液+70%代森联干悬浮剂800倍液喷雾防治，视病情隔7～10天喷1次。

豇豆煤污病叶片发病症状

菜豆根腐病根部发病症状

菜豆根腐病植株发病症状



引起发病；地势低洼，排水不良的土质黏重地块，尤其是连作地块发病较重。

防治方法　采用深沟高垄、地膜覆盖栽培，生长期合理运用肥水，不能大水漫灌，浇水后及时浅耕、灭草、培土，以促进发根。注意排出田间积水，及时清除田间病株残体，发现病株及时拔除，并向四周撒生石灰消毒。

土壤处理。苗床消毒可选用95%恶霉灵原药50克/米$^2$，或54.5%恶霉灵·福美双可湿性粉剂10克/米$^2$，或50%苯菌灵可湿性粉剂5克/米$^2$+70%敌磺钠可溶性粉剂8克/米$^2$处理土壤。

药剂防治。田间发病后及时防治，发病初期，可采用20%甲基立枯磷乳油800～1 000倍液，或70%甲基硫菌灵可湿性粉剂800～1 000倍液+75%敌磺钠可溶性粉剂600～800倍液，或50%多菌灵可湿性粉剂500～700倍液+60%敌菌灵可湿性粉剂500～800倍液，或35%福美双·甲霜灵可湿性粉剂800倍液，或50%氯溴异氰尿酸可溶性粉剂800～1 000倍液，或14%络氨铜水剂300～500倍液灌根防治，每株灌250毫升药液，视病情隔5～7天灌1次。

# 菜豆锈病

**症　　状**　本病主要为害叶片，也可为害茎、蔓、叶柄及荚。叶片染病，初现褪绿小黄斑，后中央稍突起，呈黄褐色近圆形疱斑，周围有黄色晕圈，后表皮破裂，散出红褐色粉末，即夏孢子。荚染病后形成突出表皮的疱斑，表皮破裂后，散出褐色粉状物。

**病　　原**　疣顶单胞锈菌（*Uromyces appendiculatus*），属担子菌亚门真菌。

**发生规律**　病菌以冬孢子在病残体上越冬，温暖地区以夏孢子越冬。翌春冬孢子萌发时产生担子和担孢子，借气流传播，从叶片气孔直接侵入。华北地区主要发生在夏、秋两季，长江中下游地区发病盛期在5～10月，华南地区发病盛期在4～7月。在广州地区春季种植的比秋季种植的发病严重。进入开花结荚期，气温达20℃左右、高湿、昼夜温差大及结露持续时间长等时此病易流行。夏季高温、多雨，土壤黏重，土质偏酸性，重茬严重，田间病残体多，氮肥施用过多造成植株徒长或生长过弱等，发病较为严重。

**防治方法**　春播宜早，清洁田园，深翻土壤，采用配方施肥技术，合理密植，及时整枝，雨后及时排水。

药剂防治。发病初期，可采用20%唑酮乳油600～800倍液，或12.5%唑醇可湿性粉剂2 000～3 000倍液，或40%硅唑乳油4 000～6 000倍液，或20%唑菌胺酯水分散粒剂1 000～2 000倍液，或30%苯醚甲环唑·丙环唑乳油3 000～4 000倍液，或6%氯苯嘧啶醇可湿性粉剂2 000～3 000倍液+75%百菌清可湿性粉剂600倍液，或12.5%烯唑醇可湿性粉剂2 000～3 000倍液+70%代森锰锌可湿性粉剂800倍液，或25%嘧菌酯悬浮剂1 000～2 000倍液喷雾防治，视病情隔

菜豆锈病叶片发病症状

7～10天喷1次。

## 菜豆炭疽病

**症　　状**　整个生育期都可以发病，叶、荚都可被侵染。幼苗发病，子叶上出现红褐色近圆形病斑，边缘隆起，内部凹陷。叶片病斑发生在叶面上，后扩展成多角形小斑，红褐色，边缘颜色较深，后期易破裂。豆荚上最初产生圆形或长圆形褐色小点，中间黑褐色或黑色，边缘淡褐色至粉红色。潮湿时，常溢出粉红色黏稠物。

**病　　原**　豆刺盘孢（*Colletotrichum lindemuthianum*），属半知菌亚门真菌。

**发生规律**　病菌以菌丝体潜伏在种子内和附在种子上越冬，播种带菌种子，幼苗即可染病，借雨水、昆虫传播。翌春产生分生孢子，通过雨水飞溅进行初侵染，从伤口或直接侵入，并进行再侵染。气温较低，湿度高，地势低洼，通风不良，栽培过密，土质黏重，氮肥过量等，都会导致病情加重。



**防治方法**　深翻土地，增施磷、钾肥，及时拔除田间病苗，雨后及时中耕，施肥后培土，注意排涝，降低土壤含水量。进行地膜覆盖栽培，可防止或减轻土壤病菌传播，降低空气湿度。

种子处理。播种前用40%福尔马林200倍液，或50%多菌灵可湿性粉剂600倍液浸种

菜豆炭疽病叶片发病症状

菜豆炭疽病豆荚发病症状

30分钟；50%代森铵水剂400倍液浸种1小时，捞出用清水洗净晾干待播；或用种子重量0.3%的50%多菌灵可湿性粉剂+50%福美双可湿性粉剂拌种后播种。

药剂防治。田间发现病害及时进行药剂防治，发病初期，可采用25%咪鲜胺乳油1 000～1 500倍液+75%百菌清可湿性粉剂600倍液，或40%多菌灵·福美双·溴菌腈可湿性粉剂800～1 500倍液，或30%苯噻硫氰乳油800～1 000倍液，或25%溴菌腈可湿性粉剂500～1 000倍液+70%丙森锌可湿性粉剂800倍液，或10%苯醚甲环唑水分散粒剂1 000～1 500倍液，或50%醚菌酯干悬浮剂3 000倍液，或20%丙硫多菌灵悬浮剂500～800倍液+50%克菌丹可湿性粉剂500倍液，或70%甲基硫菌灵可湿性粉剂600～1 000倍液+65%代森锌可湿性粉剂500～700倍液喷雾防治，视病情隔5～7天喷1次。喷药要周到，特别注意叶背面，喷药后遇雨应及时补喷。



## 菜豆褐斑病

**症　　状**　发病后叶片正、背面产生近圆形或不规则形褐色斑，边缘赤褐色，外缘有黄色晕圈，后期病斑中部变为灰白色至灰褐色，叶背病斑颜色稍深，边缘仍为赤褐色。湿度大时，叶背面病斑产生灰黑色霉状物。

**病　　原**　假尾孢菌（*Pseudocercospora cruenta*），属半知菌亚门真菌。

**发生规律**　北方病菌主要以菌丝体在病残体中越冬，翌年春季产生分生孢子靠气流传播引起初侵染，从植株表皮侵入；在南方病菌分生孢子辗转传播蔓延进行初侵染和再侵染。高温雨季，连作地，种植过密，通风不良，土壤含水量高，偏施氮肥的地块等发病重。

菜豆褐斑病叶片发病症状

**防治方法** 与非豆类蔬菜实行2年轮作。合理密植，增施钾肥，清洁田园。

药剂防治。田间发现病情后及时施药防治，发病初期，可采用10%苯醚甲环唑水分散粒剂2 000～3 000倍液，或50%咪鲜胺锰络化合物可湿性粉剂800～1 000倍液，或50%苯菌灵可湿性粉剂800～1 000倍液+75%百菌清可湿性粉剂600倍液，或70%甲基硫菌灵可湿性粉剂500～700倍液+70%代森锰锌可湿性粉剂800倍液，或6%氯苯嘧啶醇可湿性粉剂2 000～3 000倍液+75%百菌清可湿性粉剂600倍液喷雾防治，视病情隔7～10天喷1次。

## 菜豆黑斑病

**症　　状** 本病主要为害叶片，病斑圆形至不规则形病斑。病斑边缘齐整，周边有紫红色至暗褐色晕圈，斑面呈褐色至赤褐色，湿度大时其上遍布暗褐色至黑褐色霉层。



**病　　原** 黑链格孢（*Alternaria atrans*）和长喙生链格孢（*Alongirostrata*），均属半知菌亚门真菌。

**发生规律** 病菌以菌丝体和分生孢子在病部或随病残体遗落在土中越冬。翌年产生分生孢子借风雨传播，从寄主表皮气孔或直接穿透表皮侵入。在温暖高湿条件下发病较

菜豆黑斑病叶片发病初期症状

菜豆黑斑病叶片发病后期症状

重。秋季多雨、多雾、重露易引起病害发生。管理粗放，地块排水不良，肥水缺乏导致植株长势衰弱，密度过大等，都能加重病害。

防治方法　与非豆科植物进行2年以上轮作。合理密植，高垄栽培，合理施肥，适度灌水，雨后及时排水。保护地注意放风排湿。及时清除病残体，集中销毁，减少菌源。

药剂防治。发病初期，可采用50%咪鲜胺锰络化合物可湿性粉剂800～1 500倍液，或50%异菌脲可湿性粉剂1 000～1 500倍液，或10%苯醚甲环唑水分散粒剂1 500倍液，或25%溴菌腈可湿性粉剂500～800倍液+75%百菌清可湿性粉剂500～800倍液，或43%戊唑醇悬浮剂3 000～4 000倍液+70%代森联干悬浮剂500～800倍液，或25%嘧菌酯悬浮剂1 500～2 500倍液，或50%福美双·异菌脲可湿性粉剂800倍液，或25%啶氧菌酯悬浮剂800～1 000倍液喷雾防治，视病情隔7～10天喷1次。



## 菜豆轮纹病

症　　状　本病主要为害叶片及荚果。叶片初生紫色小斑，后扩大为近圆形褐色斑，斑面具赤褐色同心轮纹，潮湿时生暗色霉状物。荚上病斑紫褐色，具轮纹，病斑数量多时荚呈赤褐色。

病　　原　豇豆尾孢菌（*Cercospora vignicola*），属半知菌亚门真菌。

发生规律　病菌以菌丝体和分生孢子梗随病残体遗落土中越冬或越夏，也可在种子内或黏附在种子表面越冬或越夏。由风雨传播，进行初侵染和再侵染。在南方病菌的分生孢子辗转传播为害，无明显越冬或越夏期。高温多湿的天气及栽植过密，通风差及连作低洼地，氮肥施用过量造成植株长势过旺，肥料施用量小造成植株生长过弱而导致植株抵抗力下降等，发病重。

防治方法　有条件时实行轮作。生长季节结束时要彻底收集病残物烧毁，并深耕晒土。

种子处理。用种子重量0.3%的40%福尔马林200倍液浸种30分钟。

药剂防治。发病初期，可采用50%福美双·异菌脲可湿性粉剂800～1 000倍液，或70%甲基硫菌灵可湿性粉剂500～800倍液+75%百菌清可湿性粉剂600倍液，或25%嘧菌酯悬浮剂1 500～2 000倍液喷雾防治，视病情隔7～10天喷1次。

菜豆轮纹病叶片发病症状

## 菜豆灰霉病



**症　　状**　叶、花及荚均可染病。叶片染病，形成较大的轮纹斑，后期易破裂。有时也发生在茎蔓分枝处，病部形成凹陷水浸斑，后萎蔫，潮湿时病部密生灰霉。花和荚果染病时先侵染败落的花，后扩展到荚果，病斑初呈淡褐色至褐色，表面生灰白色至灰黑色霉层。

**病　　原**　灰葡萄孢（*Botrytis cinerea*），属半知菌亚门真菌。有性世代为富克尔核盘菌（*Sclerotinia fuckeliana*），属子囊菌亚门真菌。

菜豆灰霉病叶片发病症状

菜豆灰霉病豆荚发病症状

**发生规律** 病菌以菌丝、菌核或分生孢子越夏或越冬。翌春条件适宜时长出菌丝直接侵入植株，借雨水溅射传播。发病适温为20℃。败落的病花和腐烂的病荚、病叶，落在健康部位即可引起该部位发病。叶面结露易发病。种植密度过大，田间通风透光性差，氮肥施用太多造成植株徒长，缺肥，高湿，多雨等都易发病。

**防治方法** 保护地种植的菜豆，早上要先放风排湿，然后上午闭棚增温，下午放风，透光降湿，防止叶面结露；及时摘除病叶、病花、病果及黄叶，保持棚室干净、通风透光。多施充分腐熟的有机肥，增施磷、钾肥。

药剂防治。发病初期，可采用40%嘧霉胺悬浮剂1 000～1 500倍液，或50%啶酰菌胺水分散粒剂1 500～2 500倍液+70%代森锰锌可湿性粉剂800～1 000倍液，或50%嘧菌环胺水分散粒剂1 000～1 500倍液+50%乙烯菌核利可湿性粉剂800～1 000倍液，或25%啶菌噁唑乳油1 000～2 000倍液+70%代森联干悬浮剂700倍液，或50%腐霉利可湿性粉剂1 000～2 000倍液+75%百菌清可湿性粉剂600倍液，或50%异菌脲可湿性粉剂1 000～2 000倍液+50%灭菌丹可湿性粉剂400～600倍液，或40%菌核净悬浮剂1 500～2 000倍液+75%百菌清可湿性粉剂600倍液，或50%乙烯菌核利可湿性粉剂1 000～1 500倍液+70%代森锰锌可湿性粉剂800～1 000倍液喷雾防治，视病情隔7～10天喷1次。

保护地发病初期，采用烟雾法，用10%腐霉利烟剂200～250克/亩，或45%百菌清烟剂250克/亩，或15%百菌清·腐霉利烟剂25～40克/100米$^3$熏烟。

## 菜豆细菌性疫病

**症　　状** 本病主要为害叶、豆荚和种子。叶片染病，在叶尖或叶缘出现暗绿色油渍状小斑点，后扩展为不规则形褐斑，周围有黄色晕圈，湿度大时，溢出黄色菌脓，严重时病斑相连融合成一片，以致全叶枯凋，病部脆硬易破，最后叶片干枯。豆荚染病，初生暗绿色油渍状小斑，后扩大为稍凹陷的圆形至不规则形褐斑，严重时豆荚皱缩。

菜豆细菌性疫病叶片发病症状

**病　　原**　野油菜黄单胞菌菜豆致病型（*Xanthomonas campestris*），属细菌。

**发生规律**　病菌在种子内或黏附在种皮上越冬，借风、雨、昆虫传播，从寄生气孔、水孔、虫口侵入。早春温度高、雨水多时发病重，秋季多雨、露水较多持续时间长发病重。栽培管理不当，大水漫灌，肥力不足，偏施氮肥，造成长势差或徒长等，都容易加重发病。



**防治方法**　收获后清除病残体，深翻土壤，合理密植，增加植株通风透光度，避免田间积水，不可大水漫灌。

种子处理。可用72%农用硫酸链霉素可溶性粉剂500倍液浸种6小时，或88%水合霉素可溶性粉剂1 500倍液浸种6小时，洗净后播种。

药剂防治。发病初期，可采用72%农用硫酸链霉素可溶性粉剂3 000～4 000倍液，或88%水合霉素可溶性粉剂1 500～2 000倍液，或3%中生菌素可湿性粉剂600～800倍液，或20%叶枯唑可湿性粉剂600～800倍液，或20%噻唑锌悬浮剂300～500倍液+12%松酯酸铜乳油600～800倍液，或20%噻菌铜悬浮剂1 000～1 500倍液，或20%喹菌酮水剂1 000～1 500倍液，或50%氯溴异氰尿酸可溶性粉剂1 500～2 000倍液，或36%三氯异氰尿酸可湿性粉剂1 000～1 500倍液，或45%代森铵水剂400～600倍液，或47%春雷霉素·氧氯化铜可湿性粉剂700倍液喷雾防治，视病情隔7～10天喷1次。

# 菜豆细菌性晕疫病

**症　　状**　本病主要为害叶片，初期在上部叶片或新叶上出现不规则水浸状斑点，后在斑点周围出现黄晕圈，病斑上常有菌脓溢出；易穿孔或皱缩畸形。

**病　　原**　丁香假单胞杆菌菜豆晕疫病致病型（*Pseudomona syringae*），属细菌。

**发生规律**　本病主要通过种子传播。生长季节主要通过气孔或机械伤口侵入。在16～20℃较低温度下，潜育期2～3天，发病较重；在28～32℃高温条件下，潜育期长达6～10天，发病较轻，晕圈消失，病菌转移到植株体内为害。阴雨或降雨天气多，栽培管理不当，大水漫灌，肥力不足或偏施氮肥，造成长势差或徒长等，都易加重发病。

**防治方法**　严格检疫，防止种子带菌传播蔓延。合理密植，合理施肥、浇水。

种子处理。可用72%农用硫酸链霉素可溶性粉剂500倍液浸种6小时，或88%水合霉素可溶性粉剂1 000倍液浸种6小时，洗净后播种。

药剂防治。发病初期，可采用72%农用硫酸链霉素可溶性粉剂3 000～4 000倍液，或88%水合霉素可溶性粉剂1 500～3 000倍液，或20%噻唑锌悬浮剂600～1 000倍液，或3%中生菌素可湿性粉剂600～800倍液，或47%春雷霉素·氧氯化铜可湿性粉剂700倍液，或86.2%氧化亚铜可湿性粉剂2 000～2 500倍液，或77%氢氧化铜可湿性粉剂1 000～1 500倍液，或14%络氨铜水剂500～800倍液，或50%琥胶肥酸铜可湿性粉剂500～800倍液喷雾防治，视病情隔7～10天喷1次。

菜豆细菌性晕疫病叶片发病症状

# 三、扁豆

## 扁豆炭疽病

症　　状　苗期和成株期均可发病，主要为害叶片、豆荚、茎。苗期发病，刚出土幼苗子叶上产生褐色至红褐色近圆形稍凹陷病斑，发病严重时子叶枯死。成株期真叶发病，在叶片上产生褐色至深褐色小斑点，后病斑扩展成多角形条状，呈红褐色至黑褐色；茎部发病症状与子叶发病相似。豆荚发病，荚上产生近圆形至椭圆形、中间黑褐色至黑色、边缘褐色至红褐色凹陷斑，发病后期病斑上散生黑色小粒点。

病　　原　豆刺盘孢（*Colletotrichum lindemuthianum*），属半知菌亚门真菌。



发生规律　病菌主要以菌丝体潜伏在种子内和黏附在种子上越冬，播种带菌种子，发芽后即可发病，借助风雨、昆虫传播，从伤口或直接侵入为害。地势低洼，土质黏重，栽培密度过大，氮肥施用过多，植株徒长，连续阴雨天多，气温低，湿度大，雨后田间易积水等，容易发病。

防治方法　选择地势较平坦，疏松透气性好的地块栽培，多雨年份适当稀植，加强肥水管理，合理配合施用氮、磷、钾肥，雨后及时排出田间积水，收获后及时清除田间病残体，并集中带出田外销毁。

扁豆炭疽病发病症状

种子处理。播种前可用40%福尔马林200倍液，或50%多菌灵可湿性粉剂600倍液浸种30分钟；50%代森铵水剂 400倍液浸种1小时，捞出用清水洗净晾干待播。

药剂防治。发病初期，可采用25%咪鲜胺乳油1 000～1 500倍液+75%百菌清可湿性粉剂600倍液，或40%多菌灵·福美双·溴菌腈可湿性粉剂800～1 000倍液，或25%溴菌腈可湿性粉剂800～1 000倍液+70%丙森锌可湿性粉剂800倍液，或10%苯醚甲环唑水分散粒剂1 000～1 500倍液，或70%甲基硫菌灵可湿性粉剂600～1 000倍液+65%代森锌可湿性粉剂500～700倍液喷雾防治，视病情隔5～7天喷1次。

## 扁豆绵疫病

**症　　状**　豆荚发病初期呈水渍状褐色斑块，湿度大时病部长出白色霉状物，后导致豆荚枯死。

**病　　原**　菜豆疫霉（*Phytophthora phaseoli* Thaxter），属鞭毛菌亚门真菌。

**发生规律**　病菌主要在种子上或病残体上越冬，翌年条件适宜时孢子囊借助风雨传播为害。地势低洼，土质黏重，播种密度过大，田间郁闭通透性差，连续阴雨天多，雨后易积水等发病较重。

**防治方法**　选择抗病品种栽培，选择地势较平坦、有机质含量高的地块栽培，施足充分腐熟的有机肥，适当稀植，及时摘除老叶、病叶，加强肥水管理，雨后及时排出田间积水，收获后及时清除田间病残体，并集中带出田外销毁。

扁豆绵疫病豆荚发病症状

种子处理。播种前可采用72%代森锰锌·霜脲氰可湿性粉剂600～800倍液，或25%甲霜灵可湿性粉剂600～800倍液，或40%三乙膦酸铝可湿性粉剂500倍液浸种30分钟。

药剂防治。发病初期，可采用10%氰霜唑悬浮剂1 000倍液+70%代森锰锌可湿性粉剂800～1 000倍液，或58%甲霜灵·代森锰锌可湿性粉剂500～600倍液，或64%恶霜灵·代森锰锌可湿性粉剂700倍液，或66.8%丙森锌·异丙菌胺可湿性粉剂700倍液，或72%代森锰锌·霜脲氰可湿性粉剂600倍液，或69%代森锰锌·烯酰吗啉可湿性粉剂700倍液，或60%氟吗啉·代森锰锌可湿性粉剂800倍液，或72.2%霜霉威盐酸盐水剂800倍液+70%代森锰锌可湿性粉剂800～1 000倍液喷雾防治，视病情隔7～10天喷1次。

## 扁豆轮纹斑病

**症　　状**　叶片上产生圆形至近圆形，中间褐色，边缘深褐色病斑，发病初期叶片上轮纹不明显，发病后期叶片上轮纹较明显。

**病　　原**　小豆壳二孢（*Ascochyta phaseolorum* Sacc），属半知菌亚门真菌。分生孢子器球形至扁球形，黑褐色。分生孢子长椭圆形，双胞，分隔处稍缢缩。



**发生规律**　病菌主要以菌丝体和分生孢子随病残体在土中越冬，翌年条件适宜时以分生孢子借助风雨传播为害。栽培中过量施用氮肥造成植株长势过旺或徒长，或管理粗放缺肥缺水，植株长势较差，田间郁闭通透性差，雨水较多，雨后田间易积水等发病均较重。

**防治方法**　加强肥水管理，合理配合施用氮、磷、钾肥，促进植株健壮生长，增强抗病能力，及时摘除老叶、病叶，雨后及时排出田间积水。

扁豆轮纹斑病叶片发病症状

**药剂防治**　发病初期，可采用40%多菌灵·硫黄悬浮剂600～800倍液，或20%丙硫多菌灵悬浮剂2 000倍液+75%百菌清可湿性粉剂600倍液，或47%氧氯化铜可湿性粉剂600～800倍液，或77%氢氧化铜悬浮剂800～1 000倍液喷雾防治，视病情隔7～10天喷1次。

## 扁豆斑点病

扁豆斑点病叶片发病症状

**症　　状**　本病主要为害叶片，叶片发病初期产生圆形至近圆形褐色至深褐色中间色稍淡的病斑，后病斑渐变为近圆形，中间浅褐色，边缘红褐色至深褐色，病斑上常轮生小黑点。

**病　　原**　菜豆叶点霉（*Phyllosticta phaseolina* Sacc.），属半知菌亚门真菌。

**发生规律**　病菌主要以分生孢子器随病残体在田间或土壤中越冬。翌年条件适宜时产生分生孢子借助风雨气流传播。种植密度过大，田间通透性差，管理粗放，经常缺肥缺水，植株长势差，雨后田间易积水等容易发病。

**防治方法**　适当稀植，加强肥水管理，施足充分腐熟的有机肥，合理配合施用氮、磷、钾肥，促进植株健壮生长，及时摘去老叶、病叶，收获结束后及时清除田间病残体，并集中带出田外销毁。

药剂防治。发病初期，可采用2.5%咯菌腈悬浮剂800～1000倍液，或50%琥胶肥酸铜可湿性粉剂350～600倍液，或20%噻菌铜悬浮剂500～700倍液，或560克/升嘧菌酯·百菌清悬浮剂800～1 000倍液，或70%丙森锌·多菌灵可湿性粉剂600～800倍液喷雾防治，视病情隔7～10天喷1次。

铜悬浮剂500～700倍液喷雾防治，视病情隔7～10天喷1次。

## 扁豆黑链格孢黑斑病

**症　　状**　叶片发病后，产生近圆形至不规则形、中间浅褐色、边缘紫红色至暗褐色的病斑，湿度大时病斑上生黑褐色霉层。

**病　　原**　黑链格孢（*Alternaria atrans*），属半知菌亚门真菌。

**发生规律**　病菌主要以菌丝体和分生孢子随病残体在土壤中越冬。翌年条件适宜时产生分生孢子借风雨传播。管理粗放，缺肥缺水，植株长势较差，雨水较多，雨后田间易积水等发病较重。



**防治方法**　与非豆类蔬菜轮作2年以上。合理密植，加强肥水管理，合理配合施用氮、磷、钾肥，促进植株健壮生长，雨后及时排出田间积水；收获结束后及时清除田间病残体，并集中带出田外销毁。

扁豆黑链格孢黑斑病叶片发病症状

药剂防治。发病初期，可采用50%咪鲜胺锰络化合物可湿性粉剂800～1 500倍液，或50%异菌脲可湿性粉剂1 000～1 500倍液，或10%苯醚甲环唑水分散粒剂1 500倍液，或25%溴菌腈可湿性粉剂500～800倍液+75%百菌清可湿性粉剂500～800倍液，或64%氢氧化铜·福美锌可湿性粉剂1 000倍液，或560克/升嘧菌·百菌清悬浮剂800～1 000倍液，或50%甲基硫菌灵·硫黄悬浮剂800～1 000倍液+70%代森锰锌可湿性粉剂700倍液喷雾防治，视病情隔7～10天喷1次。

# 四、大葱、洋葱

## 大葱、洋葱霜霉病

**症　　状**　本病主要为害叶及花梗，也可侵染洋葱鳞茎。叶片染病，从中下部叶片开始，病部以上逐渐干枯下垂。花梗染病，初生黄白色或乳黄色较大侵染斑，纺锤形或椭圆形，其上产生白霉，后期变为淡黄色或暗紫色。假茎染病多破裂、弯曲。鳞茎受害，地上部生长不良，叶色淡，无光泽，叶片畸形或扭曲，植株矮缩，表面产生白色霉层，扩大后软化易折断。

**病　　原**　葱霜霉菌（*Peronospora schleidenii*），属鞭毛菌亚门真菌。

大葱霜霉病叶片发病初期症状

大葱霜霉病叶片发病中期症状

大葱霜霉病叶片发病后期症状

大葱霜霉病花梗发病症状

**发生规律** 病菌以卵孢子在寄主或种子上或土壤中越冬，翌年条件适宜时萌发，从植株的气孔侵入。借风、雨、昆虫等传播，进行再侵染。成株期至采收期发病最重。浙江及其他长江中下游地区主要发生在3～5月和9～11月；东北地区4月中旬～5月上旬开始发病。一般连作地块，土质黏重，地势低洼，雨后易积水，种植密度过大，田间通透性差，早春、梅雨季节、秋季雨水较多，发病重。

**防治方法** 与非百合科蔬菜轮作2～3年以上。选择地势较高，不易积水的地块种植，施足充分腐熟的有机肥，合理密植，适时施肥，适时浇水，促进植株健壮生长，小水勤浇，严防大水漫灌，雨后及时排出田间积水；收获后及时清除田间病残体，并集中销毁。



发病初期，可采用72%代森锰锌 · 霜脲氰可湿性粉剂600～800倍液，或25%甲霜灵可湿性粉剂500～800倍液+70%丙森锌可湿性粉剂600～800倍液，或50%代森锰锌 · 乙膦铝可湿性粉剂300～500倍液，或77%氢氧化铜可湿性粉剂800～1 000倍液喷雾防治，视病情隔7～10天喷1次。

田间发现病情后加强防治，发病普遍时可采用687.5克/升霜霉威盐酸盐 · 氟吡菌胺悬浮剂800～1 200倍液，或25%双炔酰菌胺悬浮剂1 000～1 500倍液，或25%吡唑醚菌酯乳油1 500～2 000倍液，或69%代森锰锌 · 烯酰吗啉可湿性粉剂1 000～1 500倍液，或66.8%丙森锌 · 异丙菌胺可湿性粉剂600～800倍液，或25%烯肟菌酯乳油2 000～3 000倍液+75%百菌清可湿性粉剂600～800倍液，或60%氟吗啉 · 代森锰锌可湿性粉剂1 000～1 500倍液，或72.2%霜霉威盐酸盐水剂800～1 000倍液+70%代森锰锌可湿性粉剂800倍液，或84.51%霜霉威 · 乙膦酸盐可溶性水剂600～1 000倍液，或70%甲呋酰胺 · 代森锰锌可湿性粉剂600～1 000倍液喷雾防治，视病情隔5～7天喷1次。

## 大葱、洋葱紫斑病

**症　　状**　本病主要为害叶和花梗，叶片和花梗染病，初呈水渍状白色小点，后变淡褐色圆形或纺锤形稍凹陷斑，继续扩大呈褐色或暗紫色，周围有黄色晕圈。湿度大时，病部长出同心轮纹状排列的深褐色霉状物，病害严重时，致全叶变黄枯死或折断。鳞茎染病，多发生在鳞茎颈部，造成软腐和皱缩，茎内组织深黄色。

大葱紫斑病叶片发病初期症状

大葱紫斑病叶片发病中期症状

大葱紫斑病叶片发病后期症状

大葱紫斑病田间发病症状

**病　　原**　香葱链格孢（*Alternaria dauci* f. sp. porri），属半知菌亚门真菌。

**发生规律**　病菌以菌丝体在寄主体内或随病残体在土壤中越冬，温暖地区以分生孢子在葱类植物上辗转为害；翌年条件适宜时产出分生孢子，借气流或雨水传播，经气孔、伤口或直接穿透表皮侵入。生长中后期发病严重。浙江及其他长江中下游地区主要发生在4～7月和9～11月。常年连作，沙土地，播种过早，种植过密，田间郁闭，管理粗放，经常缺肥缺水，植株生长过弱，葱蓟马为害重等，发病重。

防治方法　与非百合科蔬菜轮作2年以上。施足充分腐熟的有机肥，适期播种，合理密植；注意及时防治蓟马；加强田间管理，适时适量施肥浇水；雨后及时排出田间积水。适时收获，低温储藏，防止病害在储藏期继续蔓延。收获后及时清洁田园。

种子处理，鳞茎可用40～45℃温水浸1.5小时，也可用40%福尔马林300倍液浸3小时，浸后及时洗净，或用30%苯噻硫氰乳油1 000倍液浸种3～6小时。



发病前至发病初期以预防为主，可采用77%氢氧化铜可湿性粉剂800倍液，或70%丙森锌可湿性粉剂600～800倍液，或50%克菌丹可湿性粉剂400～600倍液，或560克/升嘧菌酯·百菌清悬浮剂800～1 000倍液，或68.75%噁唑菌酮·代森锰锌水分散粒剂800～1 000倍液喷雾防治，视病情隔7～10天喷1次。

田间发现病情时加强防治，发病普遍时，可采用50%腐霉利可湿性粉剂1 000～1 500倍液+70%代森联干悬浮剂600倍液，或50%异菌脲悬浮剂1 000～2 000倍液+50%克菌丹可湿性粉剂400～600倍液，或10%苯醚甲环唑水分散粒剂1 000倍液+75%百菌清可湿性粉剂600～800倍液，或47%春雷霉素·氧化亚铜可湿性粉剂600～800倍液，或25%溴菌腈可湿性粉剂500～1 000倍液+75%百菌清可湿性粉剂600倍液，或25%腈菌唑乳油1 000～2 000倍液+70%代森锰锌可湿性粉剂700倍液，或25%咪鲜胺乳油800～1 000倍液+75%百菌清可湿性粉剂600倍液喷雾防治，视病情隔5～7天喷1次。

## 大葱、洋葱灰霉病

症　　状　被害叶片上初生白色至浅灰褐色的小斑点，后斑点逐渐扩大，相互融合成椭圆形眼状梭形大斑。鳞茎发病，湿度大时，病斑密生灰褐色绒毛状霉层或霉烂、发黏、发黑。

大葱灰霉病叶片发病初期症状

大葱灰霉病叶片发病中期症状

大葱灰霉病叶片发病后期症状

洋葱灰霉病鳞茎发病症状



**病　　原**　葱鳞葡萄孢（*Botrytis squamosa*），属半知菌亚门真菌。

**发生规律**　病菌以菌丝、分生孢子或菌核越冬和越夏。翌年条件适宜时，菌核萌发产生菌丝体，又产生分生孢子，或由菌丝、分生孢子随气流、雨水、浇水传播，病菌从气孔或伤口等侵入叶片，引起发病。成株期发病最重。浙江及其他长江中下游地区主要发生在3～5月。地势低洼，土质黏重，阴雨连绵，雨后易积水，种植密度过大，偏施氮肥，植株徒长或旺长，降低了植株的抗病能力等，均能引起发病。

剂200～300倍液，或20%盐酸吗啉胍可湿性粉剂400～600倍液，或3%三氮唑核苷水剂600～800倍液，或7.5%菌毒清·盐酸吗啉胍水剂500～700倍液，或50%氯溴异氰尿酸可溶性粉剂800倍液，或3.95%三氮唑核苷·乙酸铜·三十烷醇·硫酸锌水剂500～800倍液，或31%盐酸吗啉胍·三氮唑核苷可溶性粉剂800倍液喷雾防治，视病情隔7～10天喷1次。

## 大葱黑斑病

**症　状**　本病主要为害叶和花茎。叶片染病出现褪绿长圆斑，初黄白色，迅速向上下扩展，变为黑褐色，边缘具黄色晕圈。病情扩展，斑与斑连片后仍保持椭圆形，病斑上略现轮纹，层次分明。后期病斑上密生黑短绒层，即病菌分生孢子梗和分生孢子，发病严重的叶片变黄枯死或茎部折断，采种株易发病。

大葱黑斑病叶片发病初期症状

大葱黑斑病叶片发病中期症状

**病　原**　匍柄霉（*Stemphylium botryosum*），属半知菌亚门真菌，有性阶段称枯叶格孢腔菌（*Pleospora herbarum*），属子囊菌亚门真菌。

**发生规律**　病菌以子囊座随病残体在土中越冬，以子囊孢子进行初侵染，靠分生孢子进行再侵染，借雨水、气流传播。在温暖地区，病菌有性阶段不常见，靠分生孢子辗转为害。该菌系弱寄生菌，长势弱的植株及冻害或管理不善易发病。生长中后期发病最重。浙江及其他长江中下游地区主要发生在5～6月和9～10月。常年连作，种植密度过大，田间通透性差，管理粗放，偏施氮肥，植株徒长或旺长，阴雨天多，且雨水较大等发病重。

大葱黑斑病叶片发病后期症状

**防治方法**　与非百合科蔬菜轮作2年以上；合理密植，加强田间管理，合理配合施用氮、磷、钾肥，雨后及时排出田间积水；收获后及时清除田间病残体。

发病前至发病初期，可采用560克/升嘧菌酯·百菌清悬浮剂800～1 000倍液，或77%氢氧化铜可湿性粉剂800倍液，或70%丙森锌可湿性粉剂600～800倍液，或50%克菌丹可湿性粉剂400～600倍液，或68.75%噁唑菌酮·代森锰锌水分散粒剂800～1 000倍液，或20%苯霜灵乳油800～1 000倍液+75%百菌清可湿性粉剂600～800倍液喷雾防治，视病情隔7～10天喷1次。

田间发病时加强施药防治，发病普遍时，可采用20%唑菌胺酯水分散粒剂1 000～1 500倍液，或50%腐霉利可湿性粉剂1 000～1 500倍液+70%代森联干悬浮剂600倍液，或50%异菌脲可湿性粉剂1 000～2 000倍液，或10%苯醚甲环唑水分散粒剂1 000倍液+75%百菌清可湿性粉剂600～800倍液，或25%溴菌腈可湿性粉剂500～1 000倍液+75%百菌清可湿性粉剂600倍液，或25%腈菌唑乳油1 000～2 000倍液+70%代森锰锌可湿性粉剂700倍液，或25%咪鲜胺乳油800～1 000倍液+75%百菌清可湿性粉剂600倍液，或47%春雷霉素·氧化亚铜可湿性粉剂600～800倍液喷雾防治，视病情隔5～7天喷1次。

# 大葱、洋葱疫病

**症　　状**　叶片、花梗染病初现青白色不明显斑点，扩大后成为灰白色斑，致叶片枯萎。阴雨连绵或湿度大时，病部长出白色绵毛状霉；天气干燥时，白霉消失，撕开表皮可见绵毛状白色菌丝体。

**病　　原**　烟草疫霉（*Phytophthora nicotianae*），属鞭毛菌亚门真菌。

**发生规律**　病菌以卵孢子、厚垣孢子或菌丝体在病残体内越冬，翌年条件适宜时产生孢子囊及游动孢子，借风雨传播，孢子萌发后产出芽管，穿透寄主表皮直接侵入，后病部又产生孢子囊进行再侵染，扩大为害。病菌适宜高温高湿的环境，适宜发病的温度为12～36℃，相对湿度在90%以上，成株期至采收期发病最重。浙江及其他长江中下游地区主要发生在5～7月。地势低洼，田间易积水，阴雨连绵，种植密度大，田间通透性

大葱疫病叶片发病症状

洋葱疫病叶片发病症状

差，管理粗放，偏施氮肥，植株徒长，经常缺肥、缺水，植株长势较弱，抗病能力低等发病重。

**防治方法**　与非百合科蔬菜轮作2年以上。选择排水良好的地块栽植，合理密植，雨后及时排出积水，加强栽培管理，合理采用配方施肥，增强寄主抗病力。收获后及时清除田间病残体。

发病初期，可采用50%醚菌酯干悬浮剂3 000～4 000倍液，或25%嘧菌酯悬浮剂1 500～2 000倍液，或72%代森锰锌·霜脲氰可湿性粉剂600～800倍液，或20%氟吗啉可湿性粉剂600～800倍液+70%代森锰锌可湿性粉剂800倍液，或50%氟吗啉·乙膦铝可湿性粉剂600～800倍液+70%代森联干悬浮剂800倍液，或25%甲霜灵可湿性粉剂600～800倍液+75%百菌清可湿性粉剂600～800倍液，或86.2%氧化亚铜可湿性粉剂2 000～2 500倍液，或77%氢氧化铜可湿性粉剂800～1 000倍液，或68.75%噁唑菌酮·代森锰锌水分散粒剂1 000～1 500倍液喷雾防治，视病情隔7～10天喷1次。

田间发病时加强施药防治，发病普遍时，可采用687.5克/升霜霉威盐酸盐·氟吡菌胺悬浮剂800～1 200倍液，或25%吡唑醚菌酯乳油1 500～2 000倍液，或66.8%丙森锌·异丙菌胺可湿性粉剂600～800倍液，或25%双炔酰菌胺悬浮剂1 000～1 500倍液，或69%代森锰锌·烯酰吗啉可湿性粉剂1 000～1 500倍液，或72.2%霜霉威盐酸盐水剂800～1 000倍液+75%百菌清可湿性粉剂600～800倍液，或60%氟吗啉·代森锰锌可湿性粉剂1 000～1 500倍液，或84.51%霜霉威·乙膦酸盐可溶性水剂600～1 000倍液，或70%甲呋酰胺·代森锰锌可湿性粉剂600～1 000倍液，或53%精甲霜灵·代森锰锌水分散粒剂600～800倍液喷雾防治，视病情隔5～7天喷1次。



## 大葱、洋葱锈病

**症　　状**　本病主要为害叶、花梗及绿色茎部。发病初期表皮上产生椭圆形稍隆起的橙黄色疱斑，后表皮破裂向外翻，散出橙黄色粉末，即病菌夏孢子堆及夏孢子。秋后疱斑变为黑褐色，破裂时散出暗褐色粉末，即冬孢子堆和冬孢子。

**病　　原**　葱柄锈菌（*Puccinia allii*），属担子菌亚门真菌。

**发生规律**　病菌在北方以冬孢子在病残体上越冬；南方则以夏孢子在葱、蒜、韭菜等寄主上辗转为害，或在活体上越冬，翌年夏孢子随气流传播进行初侵染和再侵染。夏孢子萌发后从寄主表皮或气孔侵入。浙江及其他长江中下游地区主要发生在3～4月和10～12月。地势低洼，土质黏重，雨后易积水，栽培密度较大，田间郁闭，通透性差，管理粗放，经常缺水、缺肥植株长势较弱，抗病力低，连续阴雨天多，雾多雾重等发病多且重。

大葱锈病叶片发病症状

**防治方法**　选择地势较平坦、不易积水的壤土地进行栽培；合理密植，加强栽培管理，合理配方施肥；避免过施氮肥，适时喷施叶面肥；适度浇水，做好清沟排渍降湿，雨后及时排出田间积水，促进植株稳生稳长，增强抗病力。

发病前期注意预防，可采用65%代森锌可湿性粉剂500～700倍液，或70%丙森锌可湿性粉剂600～800倍液，或68.75%噁唑菌酮·代森锰锌水分散粒剂800～1 000倍液，或50%克菌丹可湿性粉剂400～600倍液喷雾防治，视病情隔7～10天喷1次。

田间发病时加强施药防治，发病普遍时，可采用20%唑菌胺酯水分散性粒剂1 000～2 000倍液，或12.5%烯唑醇可湿性粉剂2 000～3 000倍液+70%代森锰锌可湿性粉剂800倍液，或30%氟菌唑可湿性粉剂2 000～3 000倍液+50%克菌丹可湿性粉剂400～600倍液，或24%腈苯唑悬浮剂2 000～3 000倍液+75%百菌清可湿性粉剂600～800倍液，或40%氟硅唑乳油6 000～8 000倍液+70%代森锰锌可湿性粉剂600～800倍液，或25%啶氧菌酯悬浮剂1 500～2 500倍液+75%百菌清可湿性粉剂600～800倍液，或25%丙环唑乳油3 000～5 000倍液+75%百菌清可湿性粉剂600～800倍液，或75%灭锈胺可湿性粉剂1 000倍液+50%克菌丹可湿性粉剂400～600倍液喷雾防治，视病情隔5～7天喷1次。

# 五、大蒜

## 大蒜叶枯病

**症　　状**　本病主要为害叶或花梗。叶片染病，初呈花白色小圆点，后扩大呈条形斑至椭圆形灰白色或灰褐色病斑，其上产生黑色霉状物，发病严重时病叶枯死。花梗染病，易从病部折断，最后在病部散生许多黑色小粒点。

**病　　原**　枯叶格孢腔菌（*Pleospora herbarum*），属子囊菌亚门真菌。无性阶段为匍柄霉（*Stemphylium botryosum*），属半知菌亚门真菌。

大蒜叶枯病叶片发病初期症状

大蒜叶枯病叶片条形斑症状

大蒜叶枯病叶片紫斑形症状

大蒜叶枯病紫斑形花梗发病症状

**发生规律** 病菌以菌丝体或子囊座随病残体遗落土中越冬，翌年条件适宜时散发出子囊孢子引起初侵染，后病部产出分生孢子进行再侵染。大蒜出苗后，借气流和雨水飞溅传播侵染发病。北方主要发生在10～11月和3～5月；在南方主要发生在梅雨季节，云南大理常发生在11月初至12月中旬和翌年1月初至2月底。成株期发病最为严重。地势较低，雨后易积水，管理水平差，经常缺肥缺水，植株长势较弱，偏施氮肥植株徒长或旺长，降低了植株的抗病能力，阴雨连绵，雨水较多，雾多雾重，露水重等，发病都重。种植过早，冬前苗子大，年前发病重。

大蒜叶枯病田间发病症状

**防治方法** 提倡收前选株，收时选头，播前选瓣。合理轮作倒茬，能破坏病原菌的生存环境，减少菌源积累。选择地势平坦，土层深厚，耕作层松软，土壤肥力高，保肥、保水性能强的地块。施足充分腐熟的有机肥做底肥，苗期以控为主，适当蹲苗，培育壮苗。后以促为主，抽薹分瓣后加强肥水管理，雨后及时排水，避免大水漫灌，尽量降低田间湿度。

在大蒜重茬栽培地区，特别是叶枯病重发区，当大蒜苗期病株率达1%时，应及时防治发病田块；当植株上部病叶率达5%时，应全面喷药防治。发病初期，可采用560克/升嘧菌酯·百菌清悬浮剂800～1 000倍液，或77%氢氧化铜可湿性粉剂800～1 000倍液，或30%氧氯化铜悬浮剂600～800倍液，或50%硫菌灵可湿性粉剂500～700倍液+65%代森锌可湿性粉剂600～800倍液，或50%克菌丹可湿性粉剂400～500倍液，或14%络氨铜水剂300～500倍液喷雾防治，视病情隔7～10天喷1次。

当田间较多株开始发病时，要加强施药防治，发病普遍时，可采用50%异菌脲可湿性粉剂800～1 000倍液，或50%腐霉利可湿性粉剂800～1 000倍液+75%百菌清可湿性粉剂600～800倍液，或20%丙硫咪唑悬浮剂1 000～1 500倍液+70%代森联干悬浮剂800倍液，或10%苯醚甲环唑水分散粒剂1 000～1 500倍液+70%代森锰锌可湿性粉剂800倍液，或50%咪鲜胺锰络化合物可湿性粉剂1 500～2 000倍液+70%代森联干悬浮剂800倍液喷雾防治，视病情隔5～7天喷1次，交替施药，效果较好，发病初期注意保护剂和治疗剂混用。

## 大蒜紫斑病

症　　状　本病主要为害叶和花梗，储藏期为害鳞茎。田间发病多开始于叶尖或花梗中部，初呈稍凹陷白色小斑点，中央微紫色，扩大后病斑呈纺锤形或椭圆形，黄褐色甚至紫色，病斑多具有同心轮纹，湿度大时，病部长出黑色霉状物，即病菌分生孢子梗和分生孢子。储藏期鳞茎染病后颈部变为深黄色或黄褐色软腐状。

病　　原　香葱链格孢（*Alternaria porri*），属半知菌亚门真菌。

发生规律　病菌以菌丝体附着在寄主或病残体上越冬，翌年条件适宜时产生分生孢子，主要借气流和雨水传播，阴雨多湿、温暖的夏季发病严重。发病适温为25～27℃，低于12℃不发病。主要发生在生长中后期。一般温暖、多雨或多湿的夏季发病重。连作

大蒜紫斑病叶片发病症状

大蒜紫斑病蒜薹发病初期症状

地块，地势低，雨后易积水，土质黏重，种植密度大，田间通透性差，连续阴雨天多，管理粗放等发病重。

防治方法　与茄果类、瓜类蔬菜轮作2年以上。加强田间管理，施足底肥，增强抗病力。选用无病种子，必要时可用40%福尔马林300倍液浸种3小时，浸后及时洗净。适时收获，低温储藏，防止病害在储藏期继续蔓延。

大蒜返青至发病初期，可采用25%嘧菌酯悬浮剂1 500～2 500倍液，或77%氢氧化铜可湿性粉剂800倍液，或50%福美双·异菌脲可湿性粉剂800倍液，或25%啶氧菌酯悬浮剂800～1 000倍液+75%百菌清可湿性粉剂600～800倍液，或50%噻菌灵悬浮剂800～1 000倍液+70%代森锰锌可湿性粉剂800倍液，或560克/升嘧菌酯·百菌清悬浮剂800～1 000倍液，或70%甲基硫菌灵可湿性粉剂800～1 000倍液+70%丙森锌可湿性粉剂600～800倍液，或2%嘧啶核苷类抗生素水剂200～500倍液+50%克菌丹可湿性粉剂500倍液喷雾防治，视病情隔7～10天喷1次。



田间较多株开始发病时，要加强施药防治，发病普遍时，可采用50%异菌脲可湿性粉剂800～1 000倍液，或50%腐霉利可湿性粉剂800～1 000倍液+70%代森锰锌可湿性粉剂800倍液，或50%咪鲜胺锰络化合物可湿性粉剂800～1 500倍液+75%百菌清可湿性粉剂600～800倍液，或40%腈菌唑水分散粒剂4 000～6 000倍液+75%百菌清可湿性粉剂600～800倍液，或24%腈苯唑悬浮剂2 000～3 000倍液+70%代森联干悬浮剂800倍液，或10%苯醚甲环唑水分散粒剂1 500倍液+75%百菌清可湿性粉剂600～800倍液，或12.5%烯唑醇可湿性粉剂3 000～4 000倍液+70%代森锰锌可湿性粉剂800倍液，或43%戊唑醇悬浮剂3 000～4 000倍液+70%代森联干悬

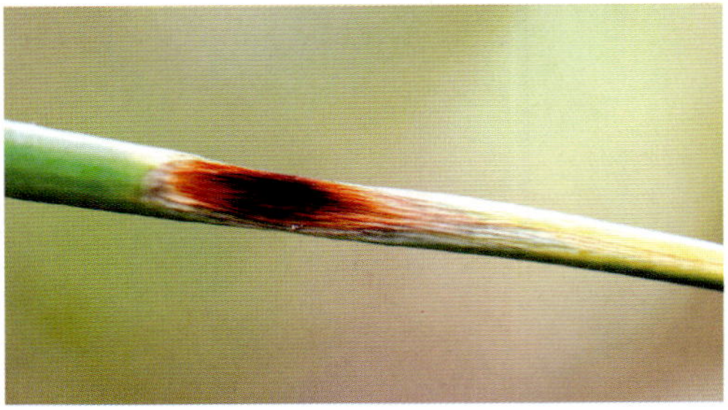

大蒜紫斑病蒜薹发病后期症状

浮剂800倍液喷雾防治，视病情隔5～7天喷1次。

## 大蒜锈病

**症　　状**　本病主要为害叶片和假茎。病部初为椭圆形褪绿斑，后在表皮下出现圆形或椭圆形稍凸起的夏孢子堆，表皮破裂后散出橙黄色粉状物，即夏孢子；病斑周围有黄色晕圈，发病严重时，病斑连片致全叶黄枯，植株提前枯死。后期在未破裂的夏孢子堆上产出表皮不破裂的黑色冬孢子堆。

**病　　原**　葱柄锈菌（*Puccinia allii*），属担子菌亚门真菌。

大蒜锈病叶片发病初期症状

大蒜锈病叶片发病中期症状

**发生规律**　病菌多以夏孢子在大蒜病组织上越冬。翌年入夏条件适宜时形成多次再侵染，正值蒜头形成或膨大期，为害严重。蒜收获后侵染葱或其他植物，气温高时则以菌丝在病组织内越夏。浙江及其他长江中下游地区常发生在3～5月和10～11月，早春多雨时发病重。地势较低，雨后易积水，管理粗放，经常缺肥缺水，植株长势差等发病重。

**防治方法**　选择地势较平，不易积水的地块栽培；加强栽培管理，合理配方施肥；适时喷施叶面肥，促进植株稳生稳长，增强植株抗病能力；收获后及时清除田间病残体，并集中销毁。

结合其他病害的防治，注意施药进行预防。发病前，可采用50%醚菌酯干悬浮剂3 000～4 000倍液，或25%嘧菌酯悬浮剂1 000～2 000倍液，或65%代森锌可湿性粉剂500～700倍液，或70%丙森锌可湿性粉剂600～800倍液，或70%百菌清可湿性粉剂600～800倍液，或68.75%噁唑菌酮·代森锰锌水分散粒剂800倍液，或50%克菌丹可湿性粉剂400～600倍液喷雾防治，视病情隔7～10天喷1次。

大蒜锈病叶片发病后期症状

田间发现病情及时进行施药防治，发病初期，可采用20%唑菌胺酯水分散粒剂1 000～2 000倍液，或12.5%烯唑醇可湿性粉剂2 000～3 000倍液+70%代森锰锌可湿性粉剂800倍液，或30%氟菌唑可湿性粉剂2 000～3 000倍液+70%代森锰锌可湿性粉剂600～800倍液，或24%腈苯唑悬浮剂2 000～3 000倍液+75%百菌清可湿性粉剂600～800倍液，或40%氟硅唑乳油3 000～5 000倍液+70%代森锰锌可湿性粉剂600～800倍液，或25%啶氧菌酯悬浮剂1 500～2 500倍液+75%百菌清可湿性粉剂600～800倍液喷雾防治，视病情隔5～7天喷1次。

## 大蒜病毒病

**症　　状**　发病初期，沿叶脉出现断续黄条点，后变成黄绿相间的条纹，植株矮化，心叶被邻近叶片包住，呈卷曲状畸形，不能伸出，有时在叶片上出现黄白色与绿色相间的条斑，有时出现整株黄化矮缩；茎部受害，节间缩短，条状花茎状。

**病　　原**　大蒜花叶病毒（*Garlic mosaic virus*，GMV），大蒜潜隐病毒（*Garlic latent virus*，GLV）。

**发生规律**　播种带毒鳞茎，出苗后即染病。田间主要通过桃蚜、葱蚜等进行非持久

大蒜病毒病花叶型症状

大蒜病毒病条斑型症状

性传毒，以汁液摩擦传毒。浙江及其他长江中下游地区发生在4～6月和9～11月。管理粗放，缺肥缺水，植株长势差，天气干旱，长时间未下雨，蚜虫发生量大及与其他葱属植物连作或邻作等，发病重。

**防治方法** 避免与大葱、韭菜等葱属植物邻作或连作，减少田间自然传播。加强大蒜的田间管理，合理配方施肥，避免早衰，提高植株抗病能力。



及时防治蚜虫，防止病毒的重复感染，此外还可挂银灰膜条避蚜或用黄板诱杀蚜

大蒜病毒病黄化型症状

大蒜病毒病假茎发病症状

虫。

发病前至发病初期，可采用5%菌毒清水剂300～500倍液，或2%宁南霉素水剂200～400倍液，或4%嘧肽霉素水剂200～300倍液，或2.1%三十烷醇·硫酸铜可湿性粉剂500～700倍液，或25%琥胶肥酸铜·盐酸吗啉胍可湿性粉剂600～800倍液，或31%三氮唑核苷·盐酸吗啉胍可溶性粉剂600～800倍液，或3.85%三氮唑核苷·硫酸铜·硫酸锌水乳剂600～800倍液，或20%盐酸吗啉胍·乙酸铜可湿性粉剂600～800倍液，或31%盐酸吗啉胍·三氮唑核苷可溶性粉剂800倍液喷雾预防，视病情隔5～7天喷1次。

也可用0.5%菇类蛋白多糖水剂250倍液灌根，每株灌兑好的药液50～100毫升，隔10～15天喷1次，必要时喷淋与灌根结合，效果更好。



## 大蒜菌核病

症　　状　该病主要为害大蒜假茎基部和鳞茎，发病初期病部呈水渍状，后病斑变暗色或灰白色，溃疡腐烂，并发出强烈的蒜臭味。湿度大时，表面长出白色毛状的菌丝。大蒜叶鞘腐烂后，上部叶片萎蔫，逐渐黄化枯死，蒜根须、根盘腐烂，蒜头散瓣。一般在5月上旬左右，病部形成不规则的鼠粪状黑褐色菌核。

病　　原　葱核盘菌（*Sclerotinia allii*），属子囊菌亚门真菌。

发生规律　病菌主要以菌核遗留在土壤中或混在蒜种和病残体上越夏或越冬。混杂在大蒜种和病残体上的菌核则随着播种、施肥落入土中。一般在春季2月下旬以后，土壤中的菌核陆续产生子囊盘，子囊孢子成熟后从子囊中射出，侵入假茎基部形成菌丝体。在其代谢过程中产生果胶酶，溶解寄主细胞的中胶层，使病茎腐烂，以后菌丝体从病部向周边扩展蔓延，最后在病组织上形成菌核，随收获落入土中或留在蒜头上成为第二年的侵染源。病菌喜低温高湿，一般温度在15～20℃、相对湿度在85%以上，有利于菌核的萌发和菌丝的生长、侵入。多数菌核年后萌发，当2月下旬至3月上旬平均气温超过6℃

时，土壤中菌核就陆续产生子囊盘，4月上旬气温上升到13～14℃时，形成第一个侵染高峰。常年连作地块，地势较低，土质黏重，雨后易积水，春季阴雨天气多，管理粗放，植株长势差等发病都重。

**防治方法** 与非百合科蔬菜轮作2年以上；选取健康无病的大蒜留种。多施充分腐熟的有机肥，适时播种，合理密植，加强肥水管理。收获时清除大蒜病株残体，带出田外深埋。

播种时，可选用70%甲基硫菌灵可湿性粉剂按种子量的0.3%兑水适量均匀喷布种子，闷种5小时，晾干后播种。

田间发现病情及时施药防治，发病前期至初期，可采用50%乙烯菌核利可湿性粉剂800～1 000倍液+25%溴菌腈乳油600倍液，或35%菌核净悬浮剂700倍液+70%百菌清可湿性粉剂600～800倍液，或50%腐霉利可湿性粉剂800～1 000倍液+36%三氯异氰尿酸可湿性粉剂600～800倍液，或50%异菌脲悬浮剂800～1 000倍液+25%戊菌隆可湿性粉

大蒜菌核病发病初期症状

大蒜菌核病发病后期症状

大蒜菌核病根盘腐烂症状

大蒜菌核病田间发病症状

剂600～1 000倍液，或45%噻菌灵悬浮剂800～1 000倍液+50%福美双可湿性粉剂600倍液，或25%咪鲜胺乳油1 000～1 500倍液+80%乙蒜素乳油800～1 000倍液，或20%甲基立枯磷可湿性粉剂600～1 000倍液+5%水杨菌胺可湿性粉剂300～500倍液，或50%多菌灵·菌核净可湿性粉剂600～800倍液+50%敌菌灵可湿性粉剂500倍液喷雾防治，施药时重喷茎基部，视病情隔7～10天喷1次。



## 大蒜白腐病

**症　　状**　本病主要为害叶片、叶鞘和鳞茎。叶片发病时外叶叶尖条状发黄，逐渐向叶鞘、内叶发展，后期整株发黄枯死，常造成田间成片死亡。鳞茎发病时病部表皮表现水浸状病斑，长有灰白色菌丝层，病部呈白色腐烂，并产生黑色小菌核，鳞茎变黑、腐烂。地下部分靠近须根的地方先发病，病部呈湿润状，后向上发展并产生大量的白色菌丝。

**病　　原**　白腐小核菌（*Sclerotium cepiuorum*），属半知菌亚门真菌。

**发生规律**　病菌在大蒜鳞茎上越冬，种植带病的鳞茎是田间发病的主要初染源；也可以以菌核在土壤中越冬，翌年条件适宜时长出菌丝借灌溉、雨水传播蔓延。20℃以下，湿度大于90%时容易流行。低温高湿发病快而严重。植株生长不良，连作地块，土质黏重，排水不良，雨后易积水，管理粗放，缺水缺肥，植株长势差等，发病重。

防治方法　与非葱、蒜类作物实施3～4年轮作。选择地势平坦、不易积水的地块栽

大蒜白腐病田间发病初期症状

大蒜白腐病田间发病后期症状



培，加强肥水管理，早春及时追肥，提高蒜株抗病力。发现病株，及时清除；收获后及时清洁田园。

大蒜白腐病鳞茎发病症状

种子处理。用50%甲基硫菌灵可湿性粉剂把蒜种处理后再播种。具体方法是将0.5千克药剂兑水3～5千克，把50千克蒜种拌匀，晾干后播种，可有效地切断初侵染途径。

发病初期，可采用50%乙烯菌核利水分散粒剂800～1 000倍液，或30%异菌脲·环己锌乳油900～1 200倍液，或50%腐霉利可湿性粉剂1 000～1 500倍液，或2%丙烷脒水剂1 000～1 500倍液，或50%多菌灵·福美双·乙霉威可湿性粉剂800～1 000倍液，或65%甲基硫菌灵·乙霉威可湿性粉剂1 000～1 500倍液，或40%嘧霉胺悬浮剂1 000～1 500倍液，或25%啶菌噁唑乳油1 000～2 000倍液，或20%甲基立枯磷乳油

800～1 000倍液灌淋根茎，视病情隔7～10天喷1次。采收前3天停止用药。

储藏期，可喷洒50%多菌灵可湿性粉剂500倍液，或50%异菌脲可湿性粉剂800倍液。

## 大蒜干腐病

**症　　状**　发病后地上部叶尖发黄干枯，有时在叶片上出现黄色条斑；地下部鳞茎基部出现褐色水浸状，有时病部长出白色或粉红色霉层；病株根系常腐烂，导致植株枯死；储藏期间发病常常导致蒜瓣软化干缩。

**病　　原**　尖镰孢菌（*Fusarium oxysporum*），属半知菌亚门真菌。

**发生规律**　病菌以厚垣孢子在土壤中越冬，翌年条件适宜时病菌产生分生孢子，借雨水、灌溉水、地下害虫等传播。土质黏重，雨后易积水，种植过密，田间通透性差，施用未充分腐熟的有机肥，偏施氮肥，连阴雨天多等发病重。

**防治方法**　选择地势较平坦、不易积水的壤土地栽培，施用充分腐熟的有机肥做底肥，合理密植，加强肥水管理，合理配方施肥，促进植株健壮生长；收获后及时清除田间病残体，并集中带出田外销毁。

及时防治地下害虫，避免造成伤口引起发病。

发病初期，可采用5%丙烯酸·恶霉灵·甲霜灵水剂800～1 000倍液，或80%多菌灵·福美双·福美锌可湿性粉剂500～700倍液，或20%甲基立枯磷乳油600～800倍液，或70%敌磺钠可溶性粉剂800倍液，或50%氯溴异氰尿酸可溶性粉剂800～1 000倍液灌根防治，每株灌250毫升，视病情隔7～10天用药1次。

大蒜干腐病发病症状

# 大蒜细菌性软腐病

**症　　状**　本病主要为害叶片，一般从下部叶片开始发病，发病初期从叶缘或中脉出现黄白色条斑，湿度大时病部呈黄褐色至褐色湿腐，最后导致全株枯死。

**病　　原**　胡萝卜软腐欧氏杆菌胡萝卜软腐致病型（*Erwinia carotovora* subsp. *carotovora*），属细菌。

大蒜细菌性软腐病发病初期症状

大蒜细菌性软腐病发病中期症状

**发生规律**　病菌在病残体上越冬，翌年条件适宜时开始发病；尤其连作地块，播种较早，土质黏重，种植密度过大，田间通透性差，连阴雨天较多，雨后易积水，氮肥施用过多植株生长过旺等发病重；天气干旱少雨时可缓解病情。

**防治方法**　与非百合科蔬菜轮作3年以上；选择地势平坦、不易积水的壤土地进行栽培，合理密植，雨后及时排出田间积水，合理配合施用氮、磷、钾肥，促进植株健壮生长。收获后及时清除田间病残体，并集中销毁。

发病前至发病初期，可采用3%中生菌素可湿性粉剂600～800倍液，或77%氢氧化铜悬浮剂800～1 000倍液，或60%琥乙膦铝可湿性粉剂500～700倍液，或50%琥胶肥酸铜可湿性粉剂500～700倍液，或47%氧氯化铜可湿性粉剂700倍液，或2%春雷霉素可湿性粉剂300～500倍液喷雾防治，视病情隔7～10天喷1次。

田间发病后要加强防治，发病普遍时，可采用72%农用硫酸链霉素可溶性粉剂3 000～4 000倍液，或88%水合霉素可溶性粉剂1 500～3 000倍液，或20%噻唑锌悬浮剂600～1 000倍液，或20%叶枯唑可湿性粉剂800～1 000倍液喷雾防治，视病情隔5～7天喷1次。

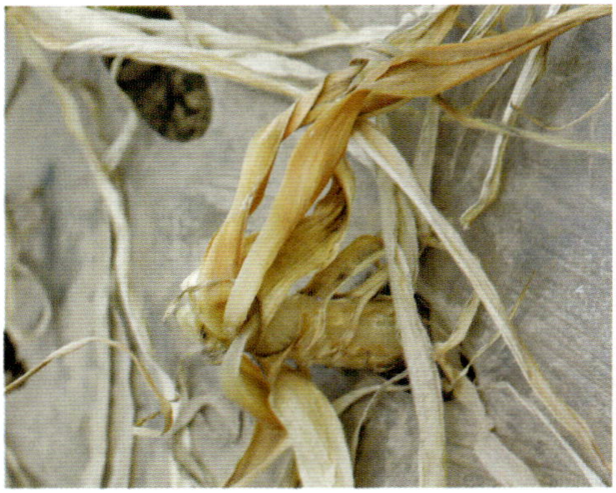

大蒜细菌性软腐病发病后期症状

## 大蒜疫病



**症　　状**　本病主要为害叶片，发病初期在叶尖或叶片中部出现白色至黄色水浸状斑，湿度大时病斑扩展很快，后导致半个叶片至整个叶片枯死。

**病　　原**　葱疫霉（*Phytophthora porri*），属鞭毛菌亚门真菌。

**发生规律**　病菌以菌丝体和厚垣孢子、卵孢子随病残体在土壤中或土杂肥中越冬，翌年条件适宜时产生分生孢子借助流水、灌溉水及雨水传播。发病后病部上产生孢子囊及游动孢子，借助气流及雨水飞溅传播进行再侵染。连作地块，土质黏重，排水不良，易积水，施用未腐熟的有机肥，种植密度过大，田间郁闭，长期低温，阴雨连绵等，发病较重。

**防治方法**　与非百合科蔬菜轮作2年以上；选择地势较平、不易积水的地块栽培；覆盖地膜阻挡土壤中病菌溅到植株上，减少侵染机会；采用高畦栽培，避免积水；收获后及时清除田间病残体。

发病初期，可采用25%嘧菌酯悬浮剂1 500～2 000倍液，或72%代森锰锌·霜脲氰可湿性粉剂700～1 000倍液，或50%氟吗啉·乙膦铝可湿性粉剂600～800倍液+70%丙森锌

大蒜疫病叶片发病症状

大蒜疫病田间发病症状

可湿性粉剂600～800倍液喷雾防治，视病情隔7～10天喷1次。

田间发病后，应加强施药防治，发病普遍时，可采用687.5克/升氟吡菌胺·霜霉威盐酸盐悬浮剂800～1 200倍液，或84.51%霜霉威·乙膦酸盐可溶性水剂800～1 000倍液，或69%烯酰吗啉·代森锰锌可湿性粉剂1 000～1 500倍液，或60%氟吗啉·代森锰锌可湿性粉剂1 000～1 500倍液，或10%氰霜唑悬浮剂2 000倍液+75%百菌清可湿性粉剂600～800倍液，或72.2%霜霉威水剂800倍液+75%代森锰锌可湿性粉剂600～1 000倍液，或66.8%丙森锌·异丙菌胺可湿性粉剂600～800倍液，或70%甲呋酰胺·代森锰锌可湿性粉剂600～800倍液喷雾防治，视病情隔5～7天喷1次。



## 大蒜灰霉病

**症　状**　本病主要为害叶片，初期在叶尖两侧产生褪绿小白斑，后扩展成长形至梭形斑，发病严重时叶片枯黄，湿度大时叶片腐烂致死。

**病　　原**　葱鳞葡萄孢（*Botrytis squamosa*），属半知菌亚门真菌。

**发生规律**　病菌以菌丝体或分生孢子及菌核附着在病残体上，或遗留在土壤中越冬。翌年条件适宜时越冬的分生孢子随气流、雨水及农事操作进行传播。连阴天多，气温低，保护地内湿度大，结露持续时间长，放风不及时等发病严重。

**防治方法** 生长前期及发病后，适当控制浇水，适时放风，降低湿度，减少棚顶及叶面结露。

发病初期，可采用30%福美双·嘧霉胺可湿性粉剂800～1 200倍液，或28%百菌清·乙霉威可湿性粉剂800～1 000倍液，或40%双胍辛烷苯基磺酸盐可湿性粉剂800～1 000倍液+75%百菌清可湿性粉剂600倍液，或65%甲基硫菌灵·乙霉威可湿性粉剂1 000～1 500倍液+75%百菌清可湿性粉剂800倍液，或50%乙烯菌核利可湿性粉剂800～1 000倍液+70%代森锰锌可湿性粉剂600～800倍液，或45%噻菌灵悬浮剂1 000～1 500倍液+70%代森锰锌可湿性粉剂600～800倍液喷雾防治，视病情隔7～10天喷1次。



田间发病后应加强防治，发病普遍时，可采用50%啶酰菌胺水分散粒剂1 500～2 500倍液+50%腐霉利可湿性粉剂800～1 000倍液，或50%嘧菌环胺水分散粒剂1 000～1 500倍液+50%乙烯菌核利可湿性粉剂800～1 000倍液，或2%丙烷脒水剂500～800倍液+25%啶菌噁唑乳油1 000～2 000倍液，或50%腐霉利可湿性粉剂800～1 000倍液+75%百菌清可湿性粉剂600倍液，或40%嘧霉胺悬浮剂1 000～1 500倍液+50%灭菌丹可湿性粉剂400～600倍液，或50%异菌脲可湿性粉剂1 000～1 500倍液+50%乙霉威可湿性粉剂1 000～1 500倍液，或1%长川霉素乳油100～300倍液+70%代森锰锌可湿性粉剂600～800倍液喷雾防治，视病情隔5～7天喷1次。为防止产生抗药性，提高防效，提

大蒜灰霉病叶片发病症状

倡轮换交替或复配使用。

## 大蒜根结线虫病

**症　　状**　本病主要为害根部，须根或侧根染病后产生瘤状大小不等的根结。地上部叶片中午萎蔫或逐渐黄枯，植株矮小发病严重时枯死。

**病　　原**　南方根结线虫（*Meloidogyne incognita*），属动物界线虫门。

**发生规律**　根结线虫多以2龄幼虫或卵随病残体在土壤中越冬。翌年条件适宜时越冬卵孵化为幼虫，继续发育后侵入大蒜根部，刺激根部细胞增生，产生新的根结或肿瘤。

**防治方法**　与水稻进行2～3年的轮作，可以杀死土壤中的根结线虫。

土壤处理。在整地时可以撒施0.5%阿维菌素颗粒剂3～4千克/亩，或5%丁硫克百威颗粒剂5～7千克/亩，或35%威百亩水剂4～6千克/亩，或10%噻唑膦颗粒剂2～5千克/亩，或98%棉隆微粒剂3～5千克/亩，施药后浅混土。

大蒜根结线虫病根部发病症状

在生长期，发现线虫为害，可以用1.8%阿维菌素乳油2 000～3 000倍液，或48%毒死蜱乳油1 000倍液，或50%辛硫磷乳油1 000倍液灌根，每株灌100～200毫升，也可以结合灌水冲施药剂。

# 六、韭菜

## 韭菜疫病

**症　　状**　本病主要为害叶片、叶鞘、根部和花茎等部位，引起腐烂。叶片多由中、下部开始发病，出现边缘不明显的暗绿色水浸状病斑，扩大后可达到一半以上。病部组织失水后缢缩，呈蜂腰状，叶片黄化萎蔫。花茎受害，产生褐色病斑，后期萎垂。湿度大时病部软腐，上生稀疏的灰白色霉状物。鳞茎受害时呈浅褐色至暗褐色水浸状腐烂，纵切可见内部变褐。根部受害，根毛减少，后变褐腐烂。

**病　　原**　烟草疫霉（*Phytophthora nicotianae*），属鞭毛菌亚门真菌。



**发生规律**　病菌以菌丝体和厚垣孢子在病株地下部分或在土壤中越冬。翌春条件适宜时产生孢子囊和游动孢子形成初侵染。借风雨和浇水传播蔓延，进行重复侵染。成株期至采收期发病最重。华北地区主要发生7～8月，浙江及其他长江中下游地区主要发生在5～9月。夏季高温高湿是露地韭菜疫病的主要流行时期，夏季多雨年份常常发生大流行。常年连作地块，土质黏重，雨后易积水，种植密度大，田间通透性差，管理粗放，

韭菜疫病叶片发病初期症状

韭菜疫病叶片发病中期症状

水肥不足，植株长势差，偏施氮肥植株徒长或旺长导致抗病能力下降等发病都重。

韭菜疫病叶片发病后期症状

**防治方法**　与非百合科蔬菜轮作2～3年。选择地势较平坦、不易积水的地块进行栽培；合理密植，加强肥水管理，合理配方施肥，避免偏施氮肥，促进植株健壮生长；生长期间雨后及时排出积水；收获后及时彻底清除病残体，集中深埋或妥善处理。

发病前至发病初期，可采用25%嘧菌酯悬浮剂1 500～2 000倍液，或50%醚菌酯干悬浮剂3 000～4 000倍液，或72%霜脲氰·代森锰锌可湿性粉剂600～800倍液，或25%甲霜灵可湿性粉剂800倍液+70%丙森锌可湿性粉剂500～800倍液，或77%氢氧化铜可湿性粉剂500～800倍液，或47%氧氯化铜可湿性粉剂500～600倍液，或20%苯霜灵乳油600～800倍液+70%代森联干悬浮剂800倍液喷雾防治，视病情隔7～10天喷1次。



发病普遍时，可采用687.5克/升氟吡菌胺·霜霉威盐酸盐悬浮剂1 500～2 000倍液，或25%双炔酰菌胺悬浮剂1 000～1 500倍液+70%代森联干悬浮剂800倍液，或25%吡唑醚菌酯乳油1 500～2 000倍液+75%百菌清可湿性粉剂600倍液，或50%烯酰吗啉可

韭菜疫病花梗发病症状

韭菜疫病田间发病症状

湿性粉剂1 000～1 500倍液+70%丙森锌可湿性粉剂600倍液，或69%代森锰锌·氟吗啉可湿性粉剂1 000～2 000倍液，或68%精甲霜灵·代森锰锌水分散粒剂1 000～2 000倍液，或72.2%霜霉威盐酸盐水剂600～800倍液+50%克菌丹可湿性粉剂500～700倍液，或100克/升氰霜唑悬浮剂1 500～2 500倍液+70%代森联干悬浮剂800倍液，或60%吡唑醚菌酯·代森联水分散粒剂1 500～2 000倍液，或10%氟嘧菌酯乳油2 500～3 000倍液喷雾防治，或用上述药剂灌根，每墩灌100～200毫升，视病情隔5～7天1次。

保护地栽培，可采用45%百菌清烟剂200克/亩+10%霜脲氰烟剂200克/亩，或15%百菌清·甲霜灵烟剂250克/亩熏烟，视病情隔5～7天熏1次。

## 韭菜灰霉病



**症　　状**　本病主要为害叶片。被害叶片上初生白色至浅灰褐色的小斑点，后斑点逐渐扩大，相互融合成椭圆形眼状梭形大斑，直至半叶或全叶腐烂。湿度大时，病斑可密生灰褐色绒毛状霉层或霉烂、发黏、发黑。

**病　　原**　葱鳞葡萄孢（*Botrytis squamosa*），属半知菌亚门真菌。

**发生规律**　病菌以菌丝、分生孢子或菌核越冬和越夏。翌年条件适宜时，菌核萌发产生菌丝体，又产生分生孢子，或由菌丝、分生孢子随气流、雨水、灌溉水传播引起发病。最适发病温度为15～21℃，相对湿度在80%以上。成株期发病最重。浙江及长江中下游地区露地栽培的韭菜灰霉病主要发生在3～5月。地势较低，田间易积水，种植密度过大，田间通透性差，早春低温高湿，管理粗放，偏施氮肥造成植株徒长或旺长，经常大水漫灌等都能引起发病且发病较重。

**防治方法**　选择地势平坦、不易积水的地块栽培；合理密植，加强管理，增施腐熟的有机肥，合理配合施用氮、磷、钾肥，防止偏施氮肥。小水勤浇，保护地栽培及时放风排湿，每次收割后不能浇水，可在地面上撒施一薄层草木灰，中耕培土要细致，避免损伤叶片。及时收割韭菜，彻底清除病、残叶，以减少菌源。

在冬、春季节的头刀韭菜株高4～7厘米时，二刀韭菜在收割后6～8天时，及时采用药剂防治。可采用28%百菌清·乙霉威可湿性粉剂800～1 000倍液，或40%双胍辛烷苯基磺酸盐可湿性粉剂800～1 000倍液+75%百菌清可湿性粉剂600倍液，或45%噻菌灵悬浮剂1 000～1 500倍液+70%代森锰锌可湿性粉剂600～800倍液，或50%多菌灵·福美双·乙霉威可湿性粉剂800～1 000倍液+70%代森联干悬浮剂600～800倍液，或65%甲硫·霉威可湿性粉剂1 000～1 500倍液+70%代森锰锌可湿性粉剂600～800倍液，或50%多菌灵·乙霉威可湿性粉剂800～1 000倍液+45%代森铵水剂300～500倍液，或30%福美双·嘧霉胺可湿性粉剂800～1 000倍液+75%百菌清可湿性粉剂600～800倍液喷雾防治，视病情隔7～10天喷1次。

田间发病时加强施药防治，发病普遍时，可采用50%啶酰菌胺水分散粒剂1 000～1 500倍液+70%代森联干悬浮剂600～800倍液，或50%嘧菌环胺水分散粒剂1 000～1 500倍液+70%代森锰锌可湿性粉剂600～800倍液，或30%异菌脲·环己锌乳油900～1 200倍液，或50%异菌脲悬浮剂1 000～1 500倍液+25%啶菌噁唑乳油1 000～ 2 000倍液，或50%腐霉利可湿性粉剂1 000～1 500倍液+75%百菌清可湿性粉剂600～800倍

韭菜灰霉病叶片发病症状

韭菜灰霉病田间发病症状

液，或2%丙烷脒水剂1 000～1 500倍液+50%克菌丹可湿性粉剂400～600倍液，或40%嘧霉胺悬浮剂1 000～1 500倍液+75%百菌清可湿性粉剂600～800倍液，或50%乙烯菌核利水分散粒剂800～1 000倍液+70%代森联干悬浮剂600～800倍液喷雾防治，视病情隔5～7天喷1次。

## 韭菜绵疫病

**症　　状**　染病植株叶片上初现水渍状暗绿色病变，当病斑扩展至半张叶片大小时，叶片变黄下垂软腐。湿度大时病部长出白色棉絮状物；假茎受害后呈浅褐色软腐，叶鞘易脱落，潮湿时病部长出白色稀疏霉层；鳞茎染病时，根盘呈水浸状，后变褐腐烂；根部染病呈暗褐色，难发新根。



**病　　原**　樟疫霉（*Phylophthora cinnamomi* Rands），属鞭毛菌亚门真菌。

**发生规律**　病菌以卵孢子和厚垣孢子在土壤中或在病株上越冬。翌年条件适宜时卵孢子遇水产生孢子囊和游动孢子，通过灌溉水或雨水传播到韭菜上，长出芽管、产生附着器和侵入丝穿透韭菜表皮进入体内，遇有高温高湿条件，病部产生大量孢子囊，借风雨或灌溉水传播蔓延，进行多次重复侵染。北京地区7月下旬至8月上旬为发病盛期，甘肃保护地栽培常发生在12月下旬至3月中旬。地势较低，易积水，种植密度大，田间通透

韭菜绵疫病叶片发病症状

韭菜绵疫病田间发病症状

性差，连续阴雨天多，保护地栽培放风不及时湿度过大，昼夜温差大，叶缘吐水严重，经常大水漫灌等发病重。

防治方法　严格挑选育苗地和栽植地，要求土层深厚肥沃、排灌方便、3年内未种过百合科蔬菜的高燥地块，苗床应冬耕施肥，栽植地要求深耕，施用充分腐熟有机肥做底肥，雨后及时排水。合理密植，幼苗期浇小水，勤浇水。夏季雨水多时须控制浇水，定植第2年以后可多次收割，3年以上的韭株要及时剔根培土，防其徒长或倒伏。

发病前期，注意施用保护剂以防止病害侵染发病，可采用50%醚菌酯干悬浮剂3 000～4 000倍液，或25%嘧菌酯悬浮剂1 500～2 000倍液，或68.75%噁唑菌酮·代森锰锌水分散粒剂1 000～1 500倍液，或75%百菌清可湿性粉剂600～800倍液，或70%代森锰锌可湿性粉剂800倍液，或77%氢氧化铜可湿性粉剂800～1 000倍液，或50%克菌丹可湿性粉剂400～600倍液喷雾防治，视病情隔7～10天喷1次。

发病初期，可采用72%代森锰锌·霜脲氰可湿性粉剂700～1 000倍液，或70%丙森锌可湿性粉剂600～800倍液，或50%氟吗啉·乙膦铝可湿性粉剂600～800倍液，或64%恶霜灵·代森锰锌可湿性粉剂500倍液，或60%琥胶肥酸铜·乙膦铝可湿性粉剂500倍液喷雾防治，视病情隔7～10天喷1次。

发病普遍时，可采用687.5克/升氟吡菌胺·霜霉威盐酸盐悬浮剂800～1 200倍液，或84.51%霜霉威·乙膦酸盐可溶性水剂800～1 000倍液，或25%吡唑醚菌酯乳油1 500～2 000倍液，或69%烯酰吗啉·代森锰锌可湿性粉剂1 000～1 500倍液，或60%氟吗啉·代森锰锌可湿性粉剂1 000～1 500倍液，或25%烯肟菌酯乳油2 000～3 000倍液+70%代森联干悬浮剂800倍液，或10%氰霜唑悬浮剂2 000倍液+75%百菌清可湿性粉剂600～800倍液，或72.2%霜霉威水剂800倍液+70%代森锰锌可湿性粉剂600～1 000倍液，或66.8%丙森锌·异丙菌胺可湿性粉剂600～800倍液，或70%甲呋酰胺·代森锰锌可湿性粉剂600～800倍液喷雾防治，视病情隔5～7天喷1次。

## 韭菜黄叶病

**症　　状**　本病主要为害叶片，发病初期从叶尖、叶缘向叶中脉扩展，半个叶片变黄或整叶变黄，后期病斑变成深黄色水渍状，逐渐坏死，造成整叶枯死。

**病　　原**　草生欧文菌菠萝变种（*Erwinia herbicola* var. *ananas*），属细菌。

**发生规律**　病菌随病残体在土壤中越冬，翌年条件适宜时在韭菜田通过灌溉水或雨水飞溅传播，病菌主要从伤口侵入。田间低洼易涝、雨水多湿度大，种植密度大，田间通透性差，管理粗放，植株长势差等都能引起发病。

**防治方法**　选择地势较平坦、不易积水的地块栽培；培养壮苗，适时定植，合理密植，加强水肥管理，雨后及时排水，严防湿气滞留。

韭菜黄叶病发病症状

发病前至发病初期，可采用72%农用链霉素可溶性粉剂3 000～4 000倍液，或88%水合霉素可溶性粉剂1 500～2 000倍液，或20%叶枯唑可湿性粉剂600～800倍液，或20%噻唑锌悬浮剂300～500倍液，或3%中生菌素可湿性粉剂600～800倍液，或36%三氯异氰尿酸可湿性粉剂1 000～1 500倍液，或47%春雷霉素·氧氯化铜可湿性粉剂700倍液，或12%松酯酸铜乳油600～800倍液喷雾防治，视病情隔5～7天喷1次。

## 韭菜生理性黄叶和干尖

**症　　状** 生理性黄叶：心叶或外叶褪绿，后叶尖开始变成茶褐色，后渐枯死，致叶片变白或叶尖枯黄变褐。干尖：叶尖干枯，呈失水状，后期全叶干枯。

**病　　因** 病因较复杂，一是长期大量施用粪肥和硫酸铵、过磷酸钙等肥料，易导致土壤酸化，造成酸性为害；二是土壤已经酸化，亚硝酸积累过多，产生亚硝酸气体为害，致叶尖变白枯死；三是棚室栽培韭菜遇有低温冷害或冻害，造成韭菜干尖或烂叶，有时天气连阴骤晴或高温后冷空气突然侵入，叶尖枯黄；四是微量元素过剩或缺乏。

**防治方法** 选用优良品种和耐风雨品种。施用酵素菌沤制的堆肥，采用配方施肥技术，科学施用硫酸铵、尿素、碳酸氢铵，不宜一次施用过量，也可用1%尿素+0.3%磷酸二氢钾叶面喷雾，促进植株生长，提倡喷洒芸薹素内酯植物生长调节剂3 000倍液，或10%宝力丰韭菜烂根灵600倍液。加强棚室温湿度管理，棚温不要高于35℃或低于5℃，生产上遇有高温要及时放风、浇水、降温，否则容易发生烧叶。

韭菜生理性黄叶发病症状

韭菜干尖发病症状

方，可安装黑光灯诱杀成虫。

药剂防治。在卵孵化盛期，可用5%丁烯氟虫氰乳油1 000～2 000倍液，或200克/升氯虫苯甲酰胺悬浮剂2 500～4 000倍液，或5%氟虫腈悬浮剂2 000～3 000倍液，或0.5%甲氨基阿维菌素苯甲酸盐微乳剂2 000～3 000倍液，或1.8%阿维菌素乳油2 000～4 000倍液，或1.7%阿维菌素·高效氯氟氰菊酯可溶性水剂2 000～3 000倍液，或15%茚虫威悬浮剂3 000～4 000倍液，或20%虫酰肼悬浮剂1 500～3 000倍液，或15%阿维菌素·毒死蜱乳油1 000～2 000倍液，或25%除虫脲可湿性粉剂1 000～2 000倍液，或20%氰戊菊酯乳油1 000～1 500倍液，或10%氯氰菊酯乳油1 000～2 000倍液喷雾防治，视虫情隔7～10天喷1次。



## 棉铃虫

分　　布　豇豆田棉铃虫（*Helicoverpa armigera*）俗称蛀虫，属鳞翅目，夜蛾科，钻蛀性害虫。我国各地均有，以华北及新疆、云南等地发生量大，为害严重。

为害特点　以幼虫蛀食蕾、花、豆荚为主，也为害嫩茎、叶和芽。豆荚常被吃成中空或引起腐烂而脱落，或由雨水、病菌流入引起腐烂，所以豆荚大量被蛀会导致豆荚腐烂脱落，造成减产。

棉铃虫为害豇豆

棉铃虫成虫

**形态特征**　成虫体长14～18毫米，翅展30～38毫米。头胸青灰或淡灰褐色。前翅青灰或淡灰褐色，基线为双线，不清晰，亚基线为双线，褐色，呈锯齿形，环纹圆形，有褐边，中央有一褐点；肾纹有褐边，中央有一深褐色肾形斑，肾纹前方的前缘脉上有2个褐色纹。后翅灰白色或褐色，翅脉深褐色，端区棕褐色，较宽，缘毛灰白色，基部有一褐线，后半部不明显。腹部背面青灰色或淡灰褐色。卵半球形，高大于宽，纵棱达底部，初产时乳白色，后黄白色，孵化前深紫色。幼虫多数6龄。1龄幼虫头纯黑色，前胸背板红褐色，体表线纹不明显，臀板淡黑色，三角形。2龄幼虫头黑褐色或褐色；前胸背板褐色，两侧缘各出现一淡色纵纹，臀板浅灰色。3龄幼虫头淡褐色，出现大片褐斑和相连斑二点，前胸背板两侧绿黑色，中间较淡，出现简单斑点，气门线乳白色，臀板淡黑褐色。4龄幼虫头淡褐带白色，有褐色纵斑、小片网纹出现，前胸背板出现白色梅花斑。5龄幼虫头较小，往往有小褐斑，前胸背板白色，斑纹复杂。6龄幼虫头淡黄色，白色网纹显著，前胸背板白色，体侧3条线条清晰，扭曲复杂，臀板上斑纹消失。老熟幼虫体色因食物或环境不同变化很大，体色淡红、黄白、淡绿、绿、黄绿、暗紫和黄白相间。蛹纺锤形，初蛹为灰绿色、绿褐色或褐色，复眼淡红色。近羽化时，呈深褐色，有光泽，复眼褐红色。

**发生规律**　全国各地均有发生。长江以北地区4代，华南和长江以南地区5～6代，云

棉铃虫卵

棉铃虫幼虫

南地区7代。以蛹在土壤中越冬。5月中旬开始羽化，5月下旬为羽化盛期。第一代卵最早在5月中旬出现，5月下旬为产卵盛期。5月下旬至6月下旬为第一代幼虫为害期。6月下旬至7月上旬为第一代盛发期，6月下旬至7月上旬为第二代产卵盛期，7月份为第二代幼虫为害期。8月上中旬为第二代成虫盛发期，8月上旬至9月上旬为第三代幼虫为害期，部分第三代幼虫老熟后化蛹，于8月下旬至9月上旬羽化，产第四代卵，所孵幼虫于10月上中旬老熟，全部入土化蛹越冬。成虫交配和产卵多在夜间进行，卵散产于植株的嫩梢、嫩叶、茎上，每头雌虫产卵100～200粒，产卵期7～13天。

防治方法　冬前翻耕土地，浇水淹地，减少越冬虫源。根据虫情测报，在棉铃虫产卵盛期，结合整枝，摘除虫卵烧毁。

生物防治。成虫产卵高峰后3～4天，喷洒苏云金杆菌或核型多角体病毒，或25%灭幼脲悬乳剂600倍液，连续喷洒2次，使幼虫感病而死亡，连续喷2次，防治效果最佳。



药剂防治。当百株卵量达20～30粒时即应开始用药，如百株幼虫超过5头，应继续用药。一般在豆荚开始膨大时用药，可采用1%甲氨基阿维菌素苯甲酸盐乳油3 000～4 000倍液，或24%甲氧虫酰肼悬浮剂2 000～4 000倍液，或5%氟虫脲乳油1 000～2 000倍液，或20%除虫脲胶悬剂1 000～2 000倍液，或5%氟虫腈悬乳剂2 000～3 000倍液，或5%丁烯氟虫腈乳油2 000～3 000倍液，或50%丁醚脲可湿性粉剂2 000～3 000倍液，或20%抑食肼可湿性粉剂800～1 500倍液，或2.5%溴氰菊酯乳油1 500～2 500倍液，或48%毒死蜱乳油1 500～2 000倍液，或15%茚虫威悬浮剂3 000～4 000倍液，或10亿活芽孢／毫升苜蓿银纹夜蛾核型多角体病毒800倍液喷雾防治，视虫情隔7～14天喷1次。

## 豆蚜

分　　布　豆蚜（*Aphis craccivora*），属同翅目蚜科，在北方发生比较普遍。新疆、宁夏和东北沈阳以北地区发生较多。

**为害特点**　常在叶面上刺吸植物汁液，造成叶片卷缩变形，植株生长不良，影响生长，并因大量排泄蜜露污染叶面，并能传播病毒病，造成的损失远远大于蚜虫的直接为害。

**形态特征**　若蚜，共分4龄，呈灰紫色至黑褐色。有翅胎生雌蚜：体长0.5～1.8毫米，体黑绿色或黑褐色，具光泽。触角6节，第一、二节黑褐色，第三至六节黄白色，节间褐色，第三节有感觉圈4～7个，排列成行。无翅胎生雌蚜：体长0.8～2.4毫米，体肥胖黑色、浓紫色，少数墨绿色，具光泽，体被均匀蜡粉。中额瘤和额瘤稍隆。触角6节，比体短，第一、二节和第五节末端及第六节黑色，余黄白色。腹部第一至六节背面有一大型灰色隆板，腹管黑色，长圆形，有瓦纹。尾片黑色，圆锥形，具微刺组成的瓦纹，两侧各具长毛3根。在适宜的环境条件下，每头雌蚜寿命可长达10天以上，平均胎生若蚜100多头。



**发生规律**　豆蚜在辽河流域年发生10～20代，黄河流域、长江及华南棉区20～30代。冬季以成、若蚜在蚕豆、冬豌豆或紫云英等豆科植物心叶或叶背处越冬。适宜豆蚜生长、发育、繁殖温度为8～35℃；最适环境温度为22～26℃，相对湿度为60%～70%。5～6月进入为害高峰期，6月下旬后蚜量减少，但干旱年份为害期多延长。10～11月，随着气温下

豆蚜为害豇豆状

豆蚜成虫和若虫

降和寄主植物的衰老，又产生有翅蚜迁向紫云英、蚕豆等冬寄主上繁殖并在其上越冬。豆蚜对黄色有较强的趋性，对银灰色有忌避习性，且具较强的迁飞和扩散能力。

**防治方法** 蔬菜收获后，及时处理残败叶，清除田间、地边杂草。

药剂防治。发生初期，可采用0.5%甲氨基阿维菌素苯甲酸盐微乳剂2 000～3 000倍液，或10%烯啶虫胺水剂3 000～5 000倍液，或10%吡虫啉可湿性粉剂1 500～2 000倍液，或3%啶虫咪乳油2 000～3 000倍液，或50%抗蚜威可湿性粉剂1 000～2 000倍液，或10%氯噻啉可湿性粉剂2 000倍液，或25%噻虫嗪可湿性粉剂2 000～3 000倍液，或10%吡丙醚·吡虫啉悬浮剂1 500倍液，或5%氯氟氰菊酯·苯醚脲乳油1 000～2 000倍液喷雾防治，视虫情隔7～10天喷1次。



## 美洲斑潜蝇

**分　　布** 美洲斑潜蝇（*Liriomyza sativae*），属双翅目，潜蝇科。美洲斑潜蝇原分布在世界30多个国家，现已传播到我国。

**为害特点** 以幼虫钻叶为害，在叶片上形成由细变宽的蛇形弯曲隧道，初期为白色，后期变成铁锈色。幼虫多时叶片在短时间内就被钻花、干枯、死亡。

美洲斑潜蝇为害豇豆

美洲斑潜蝇为害菜豆

美洲斑潜蝇成虫

美洲斑潜蝇幼虫

**形态特征**　成虫体小，淡灰黑色，虫体结实。体长1.3～2.3毫米，翅展1.3～2.3毫米，雌虫较雄虫体稍长。小盾片鲜黄色，外顶鬃着生在黑色区域；前盾片和盾片亮黑色，内顶鬃常着生在黄色区域。卵很小，米色，轻微半透明，产在植物叶片内，田间很难见到。幼虫乳白色至鸭黄色无头蛆状，最长可达3毫米。有一对形似圆锥的后气门，每侧后气门开口于3个气孔，锥突端部有1孔。蛹椭圆形，腹面稍扁平，长2毫米左右，橙黄色至金黄色。

**发生规律**　雌成虫产卵有趋嫩性，将产卵器刺入叶肉，形成筒形刺伤点，卵散产于筒形刺伤点叶内。雄成虫不刺伤叶片，但在雌成虫造成的刺伤点取食。美洲斑潜蝇在叶片外部或土表化蛹。高温干旱对化蛹均不利；化蛹后7～14天羽化；成虫羽化时间在上午，羽化高峰在上午10时前。羽化后24小时内即可交配产卵。成虫有趋光、趋密和趋绿性，对黄色有强烈的趋性。幼虫于早晨露干后至上午11时前在叶片上活动最盛。美洲斑潜蝇飞行能力有限，自然扩散能力弱，主要靠卵和幼虫随寄主植物或栽培土壤、交通工具等远距离传播。发生期为4～11月，发生盛期有2个，即5月中旬至6月和9月至10月中旬。

**防治方法**　早春和秋季蔬菜种植前，彻底清除菜田内外杂草、残株、败叶，并集中

美洲斑潜蝇蛹

烧毁，减少虫源。种植前深翻菜地，活埋地面上的蛹。发生盛期，中耕松土灭蝇。

黄板诱杀。在田间插立或在植株顶部悬挂黄色诱虫板，进行诱杀，15～20张/亩。

药剂防治。防治幼虫，要抓住豆类蔬菜子叶期和第一片真叶期，以及幼虫食叶初期、叶上虫体长约1厘米时打药。防治成虫，宜在早上或傍晚成虫大量出现时喷药。重点喷田边植株和中下部叶片。生长期间，喷洒48%毒死蜱乳油1 000倍液，毒杀老熟幼虫和蛹；成虫大量出现时，在田间每亩放置15张诱蝇纸(杀虫剂浸泡过的纸)，每隔2～4天换纸1次，进行诱杀。



准确掌握发生期。一般在成虫发生高峰期4～7天开始药剂防治，或叶片受害率达10%～20%时防治。在早晨露水干后至上午11时最佳。可采用0.5%甲氨基阿维菌素苯甲酸盐微乳剂2 000～3 000倍液+4.5%高效氯氰菊酯乳油2 000倍液，或50%灭蝇胺可湿性粉剂2 000～3 000倍液，或20%阿维菌素 · 杀虫单微乳剂1 500倍液，或50%灭蝇胺 · 杀虫单可湿性粉剂2 000～3 000倍液，或50%毒死蜱 · 灭蝇胺可湿性粉剂2 000～3 000倍液，或0.8%阿维菌素 · 苦楝素乳油1 500～2 000倍液，或3.3%阿维菌素 · 联苯菊酯乳油1 500～3 000倍液，或16%高效氯氰菊酯 · 杀虫单微乳剂1 000～3 000倍液喷雾防治，因其世代重叠，要连续防治，视虫情隔7～10天喷1次。

## 南美斑潜蝇

分　　布　南美斑潜蝇（*Liriomyza huidobrensis*），属双翅目，潜蝇科。1994年该虫随引进花卉进入云南昆明，从花卉圃场蔓延至农田。现云南、贵州、四川、青海、山东、河北、河南等省是危险性特大的检疫对象。

**为害特点**　以幼虫钻叶为害，在叶片上形成由细变宽的蛇形弯曲隧道，开始为白色，后变成铁锈色。幼虫多时叶片在短时间内就被钻空干死。

**形态特征**　成虫体长1.7～2.25毫米。额明显突出于眼，橙黄色，上眶稍暗，内外顶鬃着生处暗色，足基节黄色具黑纹，腿节基本黄色。低龄幼虫体白色，后气门突具6～9个气孔开口，高龄幼虫头部及胸部前端黄色，体大部为白色。蛹初期呈黄色，逐渐加深直至呈深褐色。比美洲斑潜蝇颜色深且体形大。

**发生规律**　在贵州省大部分地区年发生14～15代，春季各代发生历期相对较长，为20～40天；秋季则较短，为15～18天(越冬代除外)。在保护地内于2月下旬虫口密度迅速上升，4月份后便可造成严重为害，并可持续到5月中旬前后。在露地豆类蔬菜上，于4月上中旬可见到由棚室中迁出的成虫为害菜苗，5月中下旬后数量急增，至6月下旬后，由于气温高等诸多原因，数量迅速下降。在温室中，12月份常可大发生，进入翌年1月份后，由于温度较低，数量又趋下降。南美斑潜蝇夏、秋两季卵期一般为5～6天，最短4天，春季卵期为5～7天，越冬代最长达15天；幼虫期一般为4～7天，初春和越冬代较长，分别达9天和22天；蛹期在5月底至10月初为6～8天，其他世代为10～20天；在夏季高温条件下，南美斑潜蝇幼虫自然死亡率高达38%以上，蛹发育稍缓慢，初夏或初秋两季发育较快。

**防治方法**　早春和秋季蔬菜种植前，彻底清除菜田内外杂草、残株、败叶，并集中

南美斑潜蝇为害豇豆

南美斑潜蝇成虫

南美斑潜蝇幼虫

南美斑潜蝇蛹

烧毁，减少虫源。种植前深翻菜地，活埋地面上的蛹。发生盛期，中耕松土灭蝇。

黄板诱杀。在田间插立或在植株顶部悬挂黄色诱虫板进行诱杀，15～20张/亩。

药剂防治。防治幼虫，要抓住豆类蔬菜子叶期和第一片真叶期，以及幼虫食叶初期、叶上虫体长约1毫升时打药。防治成虫，宜在早上或傍晚成虫大量出现时喷药。重点喷田边植株和中下部叶片。生长期间，喷洒48%毒死蜱乳油1 000倍液，毒杀老熟幼虫和蛹；成虫大量出现时，在田间每亩放置15张诱蝇纸(杀虫剂浸泡过的纸)，每隔2～4天换纸1次，进行诱杀。



准确掌握发生期。一般在成虫发生高峰期4～7天开始药剂防治，或叶片受害率达10%～20%时防治。在早晨露水干后至上午11时最佳。可采用0.5%甲氨基阿维菌素苯甲酸盐微乳剂2 000～3 000倍液+4.5%高效氯氰菊酯乳油2 000倍液，或50%灭蝇胺可湿性粉剂2 000～3 000倍液，或20%阿维菌素·杀虫单微乳剂1 500倍液，或50%灭蝇胺·杀虫单可湿性粉剂2 000～3 000倍液，或50%毒死蜱·灭蝇胺可湿性粉剂2 000～3 000倍液，或0.8%阿维菌素·苗楝素乳油1 500～2 000倍液，或3.3%阿维菌素·联苯菊酯乳油1 500～3 000倍液，或16%高效氯氰菊酯·杀虫单微乳剂1 000～3 000倍液喷雾防治，因其世代重叠，要连续防治，视虫情隔7～10天喷1次。

# 朱砂叶螨

**分　　布**　朱砂叶螨（*Tetranychus cinnabarinus*），属真螨目，叶螨科，是一种广泛分布于世界温带的农林大害虫，在我国各地豇豆田均有发生。

**为害特点**　以若虫和成虫在寄主的叶背面吸取汁液，受害叶片初期灰白色，严重时变成锈褐色，造成早期落叶，豆荚发育缓慢，植株枯死。

**形态特征**　雌成螨体长0.4～0.5毫米，椭圆形，体色有红色、锈红色等，体背两侧有大型暗色斑块，体背生长刚毛，4对足略等长。雄成螨体长0.4毫米，长圆形，腹末略尖。卵圆球形，体黄绿色至橙红色，有光泽。幼螨体近圆形，较透明，足3对，取食后体变绿色。若螨足4对，体色较深，体侧出现明显斑块。

**发生规律**　在华北地区年发生12～15代，长江中下游地区年发生15～18代，华南地区年发生20代以上，世代重叠严重。华北地区以成虫、若虫、卵在寄主的叶片下、土缝里或附近杂草上越冬。每年4～5月迁入菜田，6～9月陆续发生危害，以6～7月发生最重。当温度在28℃左右，湿度35%～55%时，最有利于朱砂叶螨发生，但温度高于34℃，停止繁殖；低于20℃，繁殖受抑。朱砂叶螨有孤雌生殖习性，幼虫及前期若虫活动少，后期若虫活跃而贪食，有趋嫩的习性，虫体一般从植株下部向上爬，边为害边上

朱砂叶螨为害豇豆

朱砂叶螨成虫

迁。

**防治方法** 早春注意清除田间枯枝落叶和杂草，减少虫源。遇干旱季节时要注意及时灌水施肥，增加田间湿度，促进植株生长。

药剂防治。采取“预防为主，防治结合”的防治策略，点片发生初期，可采用73%炔螨特乳油2 000～3 000倍液，或15%哒螨灵乳油2 000～3 000倍液，或1.8%阿维菌素乳油3 000～4 000倍液，或20%双甲脒乳油1 000～1 500倍液，或5%噻螨酮乳油2 000～3 000倍液，或15%哒螨灵乳油3 000～4 000倍液喷雾防治，视虫情隔7～10天喷1次。

## 截形叶螨



**分　　布** 截形叶螨（*Tetranychus truncatus*），属真螨目，叶螨科。各地均有分布。

**为害特点** 若螨和成螨群聚叶背吸取汁液，使叶片呈灰白色或枯黄色，严重时叶片干枯脱落。

**形态特征** 雌成螨体椭圆形，深红色，足及颚体白色，体侧有白斑。须肢端感器柱形，长约为宽的2倍，背感器约与端感器等长。气门沟末端呈“U”形弯曲。足爪间突裂开为3对针状毛，无背刺毛。雄成螨须肢端感器长柱形，其长约为宽的2.5倍，背感器较短。阳具柄部宽阔，弯向背面形成1个小型端锤，其背缘呈平截状，末端13处有1个凹陷，近侧突起圆钝，远侧突起。

截形叶螨为害豇豆叶片

**发生规律** 每年发生20代以上。华北地区以雌螨在土缝中或枯枝落叶上越冬；华中以各虫态在多种杂草上或树皮缝中越冬；华南地区由于冬季气温高，继续繁殖为害。翌年3月下旬平均气温达8℃左右时，越冬螨开始出蛰，至5月中旬以前主要在杂草上取食活动。出蛰后7～8天即可产卵。4月底至5月初出蛰结束。越冬雌成螨出蛰后，一般先在杂草上危害。5月中下旬开始进入田间为害，但6月上旬之前，数量较少，一般不造成为害。自6月中旬开始，数量逐渐增多。6月下旬、7月初便出现第1个高峰期。7月中、下旬又出现第2个高峰期，有时8月中、下旬至9月初还有1个小高峰，为害持续至10月底。

防治方法　加强田间管理，越冬前，在根茎处覆草，并于翌年3月上旬，将覆草或根茎周围20厘米范围内的杂草收集，烧毁，可大大降低越冬基数；轮作倒茬，合理安排轮作的作物和间作、套种的作物，避免叶螨在寄主间相互转移为害。以水旱轮作效果最好。结合定苗，发现叶螨时，顺手抹掉；若螨量多时，将叶片摘下处理。若整株上多时，可将其拔除，带到田外处理。天气干旱时，注意灌溉，增加菜田湿度，抑制其发育繁殖；控制氮肥施用量，增施磷、钾肥，恶化叶螨的发生条件。

药剂防治。田间成、若螨混发时，可采用20%双甲脒乳油1 000～1 500倍液，或15%哒螨灵乳油1 500～3 000倍液，或5%唑螨酯悬浮剂2 000～3 000倍液，或1.8%阿维菌素乳油2 000～4 000倍液，或73%炔螨特乳油2 000～3 000倍液，或20%三唑锡悬浮剂2 000～3 000倍液，或20%甲氰菊酯乳油1 000～2 000倍液喷雾防治，视虫情隔7～15天喷1次。

## 葱地种蝇

分　　布　葱地种蝇（*Delia antiqua*），为北方秋菜的重要害虫。

为害特点　以幼虫为害大蒜茎基部或鳞茎，造成许多弯曲的沟道，还可蛀入内部窜成孔道，引起腐烂枯死。

形态特征　雄成虫体暗灰褐色，头部两复眼较接近，胸背面有3条黑色纵纹，腹部背中央有1条黑色纵纹。雌虫全体黄褐色，胸、腹背面均无斑纹。卵乳白色，长椭圆形，稍弯曲，表面有网状纹。幼虫称蛆，幼虫老熟时体乳白色，头部退化，仅有1对黑色口钩。蛹椭圆形，红褐色或黄褐色。

葱地种蝇为害大蒜状

**发生规律** 在北方每年发生1代，以蛹在土中越冬。第2年成虫出现的早晚因地区而异。成虫8月中下旬羽化。成虫盛发期哈尔滨多在8月上中旬，沈阳地区多在8月下旬至9月上旬。幼虫为害盛期在9～10月，10月中下旬入土化蛹。成虫白天活动，多在日出或日落前后或阴雨天活动、取食。

**防治方法** 勤灌溉，必要时可大水漫灌，能阻止种蝇产卵，抑制根蛆活动及淹死部分幼虫。采收后及时耕翻土地，可减少部分越冬蛹。

采用糖、醋液诱杀成虫，用红糖0.5千克、醋0.25千克、酒0.25千克、清水0.5千克加敌百虫适量，放在田间进行诱杀。

播种前，将3%辛硫磷颗粒剂1.5～3千克／亩，或15%毒死蜱颗粒剂2～4千克／亩，均匀撒在地面，将其犁入土中后再播种。

葱地种蝇成虫

葱地种蝇卵

葱地种蝇幼虫

葱地种蝇蛹

成虫羽化产卵盛期，可采用0.5%甲氨基阿维菌素苯甲酸盐微乳剂2 000～3 000倍液，或3.5%氟虫腈·溴氰菊酯乳油2 000倍液，或1.8%阿维菌素乳油2 000～4 000倍液，或1.7%阿维菌素·高效氯氟氰可溶性水剂2 000～3 000倍液，或2.5%氯氟氰菊酯乳油1 000～2 000倍液喷雾防治。

成虫羽化产卵盛期，或害虫开始为害时，也可采用48%毒死蜱乳油1 000～2 000倍液，或1.8%阿维菌素乳油2 000～3 000倍液，或50%辛硫磷乳油500～800倍液，或90%晶体敌百虫1 000～2 000倍液灌根，防治幼虫。

## 潜叶蝇

**为害特点**　潜叶蝇（*Liriomyza chinensis*），幼虫孵出后，即在叶内潜食叶肉，形成灰白色蜿蜒潜道，粪便也排在潜道内，潜道不规则，随虫龄增长而加宽，幼虫在叶组织中的隧道内能自由进退，并在叶筒内外迁移于被害部位，一片筒叶上有多个虫道时，潜道彼此串通，严重时可遍及全叶，致使叶片枯黄。

**形态特征**　成虫头部黄色，头顶两侧有黑纹，触角黄色，芒褐色。肩部、翅基部及胸背的两侧浅黄色。卵长椭圆形，乳白色。幼虫共3龄，老熟幼虫体淡黄色，细长圆筒形的蛆，体壁半透明，绿色。蛹褐色，圆筒形略扁，后端略粗。

潜叶蝇为害大葱症状

潜叶蝇成虫

**发生规律** 一年发生5～6代，以蛹在土壤中越冬。翌年4月上中旬羽化，7～8月盛发，为害严重，直至9～10月可继续为害。10月下旬至11月上旬前后化蛹越冬。

**防治方法** 早春和秋季蔬菜种植前，彻底清除菜田内外杂草、残株、败叶，并集中烧毁，减少虫源。种植前深翻菜地，活埋地面上的蛹。最好再施3%米尔乐颗粒剂1.5～2.0千克/亩毒杀蛹。发生盛期，中耕松土灭蝇。

黄板诱杀。在田间插立或在植株顶部悬挂黄色诱虫板，进行诱杀，15～20张/亩。

叶片开始出现虫道为害后及时进行防治，幼虫发生前期，可采用0.5%甲氨基阿维菌素苯甲酸盐微乳剂2 000～3 000倍液+4.5%高效氯氰菊酯乳油2 000倍液，或50%灭蝇胺可湿性粉剂2 000～3 000倍液，或20%阿维菌素·杀虫单微乳剂1 500倍液，或

潜叶蝇幼虫

潜叶蝇蛹

50%灭蝇胺·杀虫单可湿性粉剂2 000～3 000倍液，或50%毒死蜱·灭蝇胺可湿性粉剂2 000～3 000倍液，或0.8%阿维菌素·茚楝素乳油1 500～2 000倍液，或15%阿维菌素·毒死蜱乳油1 500～3 000倍液，或3.3%阿维菌素·联苯菊酯乳油1 500～3 000倍液喷雾防治，视虫情隔7～10天喷1次。

## 蓟马

**为害特点**　葱蓟马（*Thrips tabaci*），以成虫和幼虫刺吸叶片，在叶片上产生灰白色斑纹，严重时叶片畸形，卷曲，表面弯成一舟形。

**形态特征**　成虫黄白色至深褐色，复眼红色，触角7节。翅细长透明，淡黄色。卵初产时肾形，后期逐渐变为卵圆形。若虫共4龄，体浅黄色或橙黄色。伪蛹形态与幼虫相似，但翅芽明显，触角伸向头胸部背面。

**发生规律**　华北地区一年发生3～4代，山东6～10代，长江流域每年发生8～10代，华南地区20代以上。以成虫越冬为主，也可以若虫在葱、蒜叶鞘内侧、土块下、土缝内或枯枝落叶中越冬。南方地区和保护地内无越冬现象。华北地区4～5月和10～11月发生较重，长江中下游地区盛发期是4～5月。高温高湿不利于其发生为害，雨水较多也能降低虫口密度，田间干旱，经常不浇水或浇水较少的地块发生偏重。

蓟马为害大葱叶片症状

蓟马成虫

**防治方法**　种植前彻底消除田间植株残体及杂草，加强肥水管理，在高温季节适当加大浇水量。

在若虫盛发期，可采用22%毒死蜱·吡虫啉乳油2 000～3 000倍液，或25%噻虫嗪可湿性粉剂2 000～3 000倍液，或3%啶虫脒乳油2 000～3 000倍液，或10%氯噻啉可湿性粉剂2 000倍液，或15%唑虫酰胺乳油2 000～3 000倍液，或240克/升螺虫乙酯悬浮剂4 000～5 000倍液喷雾防治。施药时适量加入中性洗衣粉或1%洗涤剂，以增强药液的展着性。视虫情隔7～10天喷 1 次。

## 甜菜夜蛾

**为害特点**　甜菜夜蛾（*Laphygma exigua*），初孵幼虫食叶肉，留下表皮，3龄后吃成孔洞或缺刻。



**形态特征**　成虫体长8～10毫米，翅展19～25毫米；体灰褐色，头、胸有黑点；前翅灰褐色，基线仅前段可见双黑纹；内横线双线黑色，波浪形外斜；剑状纹为一黑条；环状纹粉黄色，黑边；肾状纹粉黄色，中央褐色，黑边；中横线黑色，波浪形；外横线双线黑色。后翅白色，翅脉及缘线黑褐色。卵圆球状，白色，外面覆有雌蛾脱落的白色茸毛。老熟幼虫体色变化很大，由绿色、暗绿色、黄褐色、褐色至黑褐色，背线有或无，颜色亦各异。蛹体黄褐色。

**发生规律**　山东、江苏及陕西关中地区一年发生4～5代，北京一年发生5代，湖北一年发生5～6代，江西一年发生6～7代，在江苏、河南、山东，以蛹在土室内越冬，江西南昌、湖南以蛹越冬为主，并有少数末龄老熟幼虫在杂草或土缝中越冬，亚热带和热带地区全年可生长繁殖，在广州无明显越冬现象，终年繁殖为

甜菜夜蛾为害大葱叶片症状

害。一年之中，在华北地区7月下旬至8月中旬为第1代，8月下旬至9月下旬进入第2代，8月上旬是第1代幼虫为害盛期。

甜菜夜蛾幼虫

成虫具有较强的迁飞能力，卵常产在叶背；卵孵化后，初龄至2龄幼虫在叶背面群集结网，啃食叶肉，只留上表皮，叶片干枯成孔状；3龄后分散为害，可钻蛀叶球内；4龄后食量大增，5～6龄幼虫为害最重。成虫昼伏夜出，对黑光灯有较强趋性，对糖醋液也有趋性。幼虫有假死习性。蛹不耐低温，如冬季长期低温，越冬蛹可能大量死亡。

防治方法　及时清除地埂、地头、地沟、渠背及撂荒地杂草，这些地方是甜菜夜蛾的虫源地和多数苗期及生长期害虫的前期寄主，早期产卵、栖息场所。生长期间发现虫卵和幼虫，及时摘除并带出田外集中销毁。晚秋或初冬翻耕土壤，消灭越冬蛹。有条件的可以采用防虫网进行栽培。

在田间设置黑光灯或糖醋液诱捕成虫。也可在田间放置性诱剂，效果较好。

甜菜夜蛾具较强的抗药性，且低龄时结网在心叶中为害，给防治带来一定的困难。因而在防治时，应掌握在幼虫2龄期以前，喷药时要注意喷施到心叶中去。可用0.5%甲氨基阿维菌素苯甲酸盐微乳剂2 000～3 000倍液，或1.7%阿维菌素·高效氯氟氰菊酯可溶性水剂2 000～3 000倍液，或5%丁烯氟虫腈乳油1 000～2 000倍液，或200克/升氯虫苯甲酰胺悬浮剂2 500～4 000倍液，或20%虫酰肼悬浮剂1 500～3 000倍液，或10%氯氰菊酯乳油1 000～2 000倍液，或25克/升多杀霉素悬浮剂1 000～2 500倍液喷雾防治，视虫情隔7～10天喷1次。

甜菜夜蛾成虫

# 附录 蔬菜田常用农药应用技术

| | 品种及制剂名称 | 应用技术 |
| --- | --- | --- |
| 杀菌剂 | 687.5克/升霜霉威盐酸盐·氟吡菌胺悬浮剂 | 防治番茄晚疫病、黄瓜霜霉病、辣椒疫病、马铃薯晚疫病、西瓜疫病，用800～1 200倍液喷雾 |
| | 250克/升吡唑醚菌酯乳油 | 防治黄瓜霜霉病、白粉病，西瓜炭疽病，白菜炭疽病，用1 000～2 000倍液喷雾 |
| | 66.8%丙森锌·异丙菌胺可湿性粉剂 | 防治黄瓜霜霉病，用600～800倍液喷雾 |
| | 72.2%霜霉威盐酸盐水剂 | 防治黄瓜猝倒病、霜霉病、疫病，辣椒疫病，用800～1 000倍液喷雾 |
| | 84.51%霜霉威乙膦酸盐可溶性水剂 | 防治番茄晚疫病、黄瓜霜霉病，用600～1 000倍液喷雾 |
| | 69%代森锰锌·烯酰吗啉可湿性粉剂 | 防治番茄晚疫病、马铃薯晚疫病、甜椒疫病，用1 000～1 500倍液喷雾 |
| | 440克/升双炔酰菌胺·百菌清悬浮剂 | 防治黄瓜霜霉病，用600～1 000倍液喷雾 |
| | 72%代森锰锌·霜脲氰可湿性粉剂 | 防治番茄晚疫病、辣椒疫病、黄瓜霜霉病、马铃薯晚疫病，用600～800倍液喷雾 |
| | 25%嘧菌酯悬浮剂 | 防治冬瓜霜霉病、炭疽病，番茄早疫病、晚疫病、叶霉病，黄瓜霜霉病、白粉病、蔓枯病、黑星病，辣椒炭疽病、疫病，马铃薯早疫病、晚疫病，丝瓜霜霉病，西瓜炭疽病，花椰菜霜霉病，用1 500～2 000倍液喷雾 |
| | 50%醚菌酯干悬浮剂 | 防治黄瓜白粉病，用3 000～4 000倍液喷雾 |
| | 50%氟吗啉·代森锰锌可湿性粉剂 | 防治番茄晚疫病、辣椒疫病、马铃薯晚疫病，用500～1 000倍液喷雾 |

续表

| | 品种及制剂名称 | 应用技术 |
| --- | --- | --- |
| 杀菌剂 | 560克/升嘧菌酯·百菌清悬浮剂 | 防治番茄早疫病、辣椒炭疽病、黄瓜霜霉病、西瓜蔓枯病，用2 000～3 000倍液喷雾 |
| | 60%吡唑醚菌酯·代森联水分散粒剂 | 防治番茄早疫病、晚疫病，辣椒疫病，黄瓜霜霉病、炭疽病、疫病，甜瓜霜霉病，西瓜疫病，马铃薯早疫病、晚疫病，用1 000～2 000倍液喷雾 |
| | 18.7%烯酰吗啉·吡唑醚菌酯水分散粒剂 | 防治黄瓜霜霉病，甜瓜霜霉病，甘蓝霜霉病，马铃薯早疫病、晚疫病，用2 000～3 000倍液喷雾 |
| | 25%烯肟菌酯乳油 | 防治黄瓜霜霉病，用2 000～3 000倍液喷雾 |
| | 52.5%噁唑菌酮·霜脲氰水分散粒剂 | 防治黄瓜霜霉病、辣椒疫病，用1 500～2 000倍液喷雾 |
| | 68%精甲霜灵·代森锰锌水分散粒剂 | 防治番茄晚疫病、辣椒疫病、黄瓜霜霉病、西瓜疫病、花椰菜霜霉病、马铃薯晚疫病、菠菜霜霉病，用800～1 000倍液喷雾 |
| | 10%苯醚甲环唑水分散粒剂 | 防治番茄早疫病、黄瓜白粉病、辣椒炭疽病、西瓜炭疽病、芹菜叶斑病、菜豆锈病、大白菜黑斑病、大蒜叶枯病、芦笋茎枯病、洋葱紫斑病，用1 000～1 500倍液喷雾 |
| | 30%苯醚甲环唑·丙环唑乳油 | 防治苗期立枯病，用3 000～3 500倍液喷雾 |
| | 50%甲基硫菌灵·硫黄悬浮剂 | 防治黄瓜白粉病、大白菜黑斑病，用800～1 000倍液喷雾 |
| | 70%甲基硫菌灵可湿性粉剂 | 防治黄瓜白粉病、西瓜炭疽病、芦笋茎枯病，用800～1 000倍液喷雾 |
| | 47%春雷霉素·氧氯化铜可湿性粉剂 | 防治番茄叶霉病、黄瓜霜霉病，用600～800倍液喷雾 |
| | 0.5%菇类蛋白多糖水剂 | 防治番茄病毒病，用500倍液喷雾 |
| | 50%啶酰菌胺水分散粒剂 | 防治黄瓜灰霉病，用1 000～1 500倍液喷雾 |
| | 50%嘧菌环胺水分散粒剂 | 防治辣椒灰霉病、韭菜灰霉病，用1 000～1 500倍液喷雾 |

续表

| | 品种及制剂名称 | 应用技术 |
|---|---|---|
| 杀菌剂 | 40%嘧霉胺悬浮剂 | 防治番茄灰霉病、黄瓜灰霉病，用1 000～1 500倍液喷雾 |
| | 50%腐霉利可湿性粉剂 | 防治番茄灰霉病、黄瓜灰霉病，用1 000～1 500倍液喷雾 |
| | 50%异菌脲可湿性粉剂 | 防治番茄灰霉病、早疫病，用1 000～1 500倍液喷雾 |
| | 25%啶菌噁唑乳油 | 防治番茄灰霉病，用1 000～2 000倍液喷雾 |
| | 2%丙烷脒水剂 | 防治番茄灰霉病、黄瓜灰霉病，用1 000～1 500倍液喷雾 |
| | 50%乙烯菌核利水分散粒剂 | 防治番茄灰霉病、黄瓜灰霉病，用800～1 000倍液喷雾 |
| | 30%异菌脲·环己基甲酸锌乳油 | 防治黄瓜灰霉病，用900～1 200倍液喷雾 |
| | 40%菌核净可湿性粉剂 | 防治番茄灰霉病、黄瓜灰霉病，用600～800倍液喷雾 |
| | 25%咪鲜胺乳油 | 防治黄瓜炭疽病、西瓜炭疽病、大蒜叶枯病，用800～1 000倍液喷雾 |
| | 20%氟硅唑·咪鲜胺水乳剂 | 防治黄瓜炭疽病，用2 500～3 500倍液喷雾 |
| | 25%溴菌腈可湿性粉剂 | 防治蔬菜炭疽病，用500倍液喷雾 |
| | 40%腈菌唑水分散粒剂 | 防治黄瓜白粉病、黑星病，用4 000～6 000倍液喷雾 |
| | 75%肟菌酯·戊唑醇水分散粒剂 | 防治番茄早疫病，黄瓜炭疽病、白粉病，大白菜炭疽病，用2 000～3 000倍液喷雾 |
| | 66%二氰蒽醌水分散粒剂 | 防治辣椒炭疽病，用1 500～2 500倍液喷雾 |
| | 25%乙嘧酚悬浮剂 | 防治黄瓜白粉病，用1 500～2 500倍液喷雾 |
| | 40%氟硅唑乳油 | 防治黄瓜黑星病、菜豆白粉病，用3 000～5 000倍液喷雾 |
| | 10%苯醚菌酯悬浮剂 | 防治黄瓜白粉病，用1 000～2 000倍液喷雾 |
| | 2%宁南霉素水剂 | 防治番茄病毒病、辣椒病毒病、黄瓜白粉病、菜豆白粉病，用200～400倍液喷雾 |

续表

| | 品种及制剂名称 | 应用技术 |
|---|---|---|
| 杀菌剂 | 300克/升醚菌酯·啶酰菌悬浮剂 | 防治黄瓜白粉病、甜瓜白粉病，用1 500～2 500倍液喷雾 |
| | 0.5%大黄素甲醚水剂 | 防治黄瓜白粉病，用1 000～2 000倍液喷雾 |
| | 2.5%咯菌腈悬浮种衣剂 | 防治西瓜枯萎病，用10～15克/100千克种子拌种 |
| | 3%恶霉灵·甲霜灵水剂 | 防治黄瓜枯萎病，用600～800倍液灌根 |
| | 5%水杨菌胺可湿性粉剂 | 防治西瓜枯萎病，用300～500倍液灌根 |
| | 70%恶霉灵可溶性粉剂 | 防治西瓜枯萎病，用2 000倍液灌根 |
| | 10%多抗霉素可湿性粉剂 | 防治番茄晚疫病、叶霉病、早疫病，黄瓜白粉病、霜霉病、灰霉病，西瓜枯萎病，用600～1 000倍液喷雾 |
| | 20%二氯异氰尿酸钠可溶性粉剂 | 防治番茄早疫病、茄子灰霉病、黄瓜霜霉病，用400倍液喷雾 |
| | 50%多菌灵可湿性粉剂 | 防治蔬菜枯萎病、根腐病、白粉病，用500～600倍液喷雾 |
| | 5%丙烯酸·恶霉灵·甲霜灵水剂 | 防治辣椒根腐病，用1 000倍液灌根 |
| | 25%丙环唑乳油 | 防治蔬菜灰霉病、黑斑病，茄子褐纹病，用3 000～4 000倍液喷雾 |
| | 40%多菌灵·硫黄悬浮剂 | 防治茄子根腐病、褐斑病、叶斑病，用600～800倍液喷雾 |
| | 72%农用硫酸链霉素可溶性粉剂 | 防治番茄细菌性溃疡病、细菌性髓部坏死病，黄瓜细菌性角斑病，十字花科蔬菜软腐病、黑腐病，用3 000～4 000倍液喷雾 |
| | 88%水合霉素可溶性粉剂 | 防治黄瓜细菌性角斑病、十字花科蔬菜软腐病，用1 500～2 000倍液喷雾 |
| | 3%中生菌素可湿性粉剂 | 防治番茄青枯病、辣椒疮痂病、黄瓜细菌性角斑病、大白菜软腐病、菜豆细菌性疫病、姜瘟病，用600～800倍液喷雾 |
| | 20%叶枯唑可湿性粉剂 | 防治番茄青枯病、大白菜软腐病，用600～800倍液喷雾 |

续表

| | 品种及制剂名称 | 应用技术 |
|---|---|---|
| 杀菌剂 | 20%噻唑锌悬浮剂 | 防治黄瓜细菌性角斑病、十字花科蔬菜软腐病，用300～500倍液喷雾 |
| | 20%噻菌铜悬浮剂 | 防治黄瓜细菌性角斑病、十字花科蔬菜软腐病，用1 000～1 500倍液喷雾 |
| | 12%松酯酸铜乳油 | 防治十字花科蔬菜软腐病，用600～800倍液喷雾 |
| | 2%春雷霉素可湿性粉剂 | 防治黄瓜细菌性角斑病、十字花科蔬菜软腐病，用300～500倍液喷雾 |
| | 4%嘧肽霉素水剂 | 防治番茄病毒病，用200～300倍液喷雾 |
| | 20%盐酸吗啉胍·乙酸铜可湿性粉剂 | 防治蔬菜病毒病，用500～700倍液喷雾 |
| | 3.85%三氮唑核苷·硫酸铜·硫酸锌水乳剂 | 防治蔬菜病毒病，用600～800倍液喷雾 |
| | 1.5%硫酸铜·十二烷基硫酸钠·三十烷醇水乳剂 | 防治蔬菜病毒病，用1 000倍液喷雾 |
| | 3.95%三氮唑核苷·硫酸铜·三十烷醇·硫酸锌水剂 | 防治蔬菜病毒病，用500～800倍液喷雾 |
| | 1.05%三氮唑核苷·硫酸铜水剂 | 防治蔬菜病毒病，用300～500倍液喷雾 |
| | 20%盐酸吗啉胍可湿性粉剂 | 防治蔬菜病毒病，用400～600倍液喷雾 |
| | 25%琥胶肥酸铜·盐酸吗啉胍可湿性粉剂 | 防治蔬菜病毒病，用600～800倍液喷雾 |
| | 98%棉隆微粒剂 | 防治蔬菜根结线虫病，用3～5千克/亩土壤处理 |
| | 3.2%阿维菌素·辛硫磷颗粒剂 | 防治蔬菜地下害虫及根结线虫病，用4～6千克/亩土壤处理 |
| | 5%硫线磷颗粒剂 | 防治蔬菜根结线虫病，用2～3千克/亩土壤处理 |
| | 5亿活孢子/克淡紫拟青霉颗粒剂 | 防治蔬菜根结线虫病，用3～5千克/亩土壤处理 |
| | 70%敌磺钠可溶性粉剂 | 防治黄瓜立枯病、枯萎病，西瓜立枯病、枯萎病，用600～800倍液灌根 |

续表

| | 品种及制剂名称 | 应用技术 |
|---|---|---|
| 杀菌剂 | 86.2%氧化亚铜可湿性粉剂 | 防治番茄早疫病、黄瓜霜霉病，用2 000～2 500倍液喷雾 |
| | 77%氢氧化铜可湿性粉剂 | 防治番茄早疫病、黄瓜细菌性角斑病，用800～1 000倍液喷雾 |
| | 33.5%喹啉铜悬浮剂 | 防治番茄晚疫病、黄瓜霜霉病，用1 000～1 500倍液喷雾 |
| | 70%代森联水分散粒剂 | 防治瓜类蔬菜霜霉病，用600～800倍液喷雾 |
| | 80%代森锌水分散粒剂 | 防治番茄早疫病、晚疫病，黄瓜霜霉病，西瓜炭疽病，马铃薯早疫病、晚疫病，芦笋茎枯病，用800～1 000倍液喷雾 |
| | 45%代森铵水剂 | 防治黄瓜霜霉病、白菜霜霉病，用600～800倍液喷雾 |
| | 75%百菌清可湿性粉剂 | 防治番茄早疫病、晚疫病，瓜类蔬菜霜霉病、叶斑病、白粉病等，用600～800倍液喷雾 |
| | 70%代森锰锌可湿性粉剂 | 防治番茄早疫病，辣椒炭疽病，黄瓜霜霉病，马铃薯早疫病、晚疫病，蔬菜炭疽病等，用600～800倍液喷雾 |
| | 70%丙森锌可湿性粉剂 | 防治番茄早疫病、晚疫病，黄瓜霜霉病，大白菜霜霉病，芹菜斑枯病，用600～800倍液喷雾 |
| | 50%克菌丹可湿性粉剂 | 防治番茄叶霉病、早疫病，黄瓜炭疽病，辣椒炭疽病，用400～600倍液喷雾 |
| | 20%腐霉利·百菌清烟剂 | 防治蔬菜灰霉病，用200～300克/亩熏烟 |
| | 25%甲基硫菌灵·菌核净烟剂 | 防治蔬菜灰霉病，用200～300克/亩熏烟 |
| | 15%百菌清·异菌脲烟剂 | 防治蔬菜灰霉病，用200～300克/亩熏烟 |
| | 10%腐霉利烟剂 | 防治蔬菜灰霉病，用300～450克/亩熏烟 |
| | 10%百菌清烟剂 | 防治蔬菜霜霉病、灰霉病，用200～300克 /亩熏烟 |
| 杀虫剂 | 240克/升螺虫乙酯悬浮剂 | 防治蔬菜烟粉虱、白粉虱、蚜虫、蓟马，用4 000～5 000倍液喷雾 |
| | 10%烯啶虫胺水剂 | 防治蔬菜白粉虱、蚜虫，用3 000～5 000倍液喷雾 |
| | 3%啶虫脒乳油 | 防治蔬菜白粉虱、蚜虫，用2 000～3 000倍液喷雾 |
| | 10%氟啶虫酰胺水分散粒剂 | 防治蔬菜蚜虫，用3 000～4 000倍液喷雾 |

续表

| | 品种及制剂名称 | 应用技术 |
| --- | --- | --- |
| 杀虫剂 | 10%吡虫啉可湿性粉剂 | 防治蔬菜白粉虱、蚜虫、蓟马，用1 500～2 000倍液喷雾 |
| | 50%抗蚜威可湿性粉剂 | 防治蔬菜蚜虫，用1 000～2 000倍液喷雾 |
| | 25%噻虫嗪可湿性粉剂 | 防治蔬菜白粉虱、蚜虫、蓟马，用2 000～3 000倍液喷雾 |
| | 10%氯噻啉可湿性粉剂 | 防治蔬菜白粉虱、蚜虫，用2 000倍液喷雾 |
| | 25%噻嗪酮可湿性粉剂 | 防治蔬菜白粉虱、蚜虫，用1 000～2 000倍液喷雾 |
| | 10%吡丙醚乳油 | 防治蔬菜白粉虱，用1 000～2 000倍液喷雾 |
| | 50%噻虫胺水分散粒剂 | 防治蔬菜白粉虱，用2 000～3 000倍液喷雾 |
| | 25%吡蚜酮可湿性粉剂 | 防治蔬菜蚜虫，用2 000～3 000倍液喷雾 |
| | 50%灭蝇胺可湿性粉剂 | 防治美洲斑潜蝇，用2 000～3 000倍液喷雾 |
| | 1.8%阿维菌素乳油 | 防治蔬菜美洲斑潜蝇、小菜蛾、菜青虫、斜纹夜蛾、红蜘蛛，用2 000～2 500倍液喷雾 |
| | 50%灭蝇·杀单可湿性粉剂 | 防治蔬菜美洲斑潜蝇，用2 000～3 000倍液喷雾 |
| | 0.5%甲氨基阿维菌素苯甲酸盐微乳剂 | 防治蔬菜小菜蛾、菜青虫、斜纹夜蛾、甜菜夜蛾，用2 000～3 000倍液喷雾 |
| | 15%茚虫威悬浮剂 | 防治蔬菜小菜蛾、菜青虫、棉铃虫、甜菜夜蛾，用3 000～4 000倍液喷雾 |
| | 20%虫酰肼悬浮剂 | 防治蔬菜甜菜夜蛾、棉铃虫，用1 500～3 000倍液喷雾 |
| | 480克/升毒死蜱乳油 | 防治蔬菜美洲斑潜蝇、小菜蛾、菜青虫、斜纹夜蛾，用1 500～2 500倍液喷雾<br>防治地下害虫，用1 000～2 000倍液灌根 |
| | 5%氟啶脲乳油 | 防治蔬菜小菜蛾、菜青虫、斜纹夜蛾、甜菜夜蛾，用1 000～2 000倍液喷雾 |

续表

| | 品种及制剂名称 | 应用技术 |
|---|---|---|
| 杀虫剂 | 15 000国际单位/毫克苏云金杆菌水分散粒剂 | 防治蔬菜小菜蛾、菜青虫、甜菜夜蛾，用1 000～1 500倍液喷雾 |
| | 50克/升虱螨脲乳油 | 防治豆类蔬菜豆荚螟、棉铃虫、马铃薯块茎蛾、十字花科蔬菜甜菜夜蛾，用2 000～3 000倍液喷雾 |
| | 240克/升虫螨腈悬浮剂 | 防治蔬菜小菜蛾、斜纹夜蛾、甜菜夜蛾，用3 000～4 000倍液喷雾 |
| | 22%氰氟虫腙悬浮剂 | 防治蔬菜小菜蛾、甜菜夜蛾，用2 000～3 000倍液喷雾 |
| | 24%甲氧虫酰肼悬浮剂 | 防治蔬菜甜菜夜蛾，用2 000～4 000倍液喷雾 |
| | 100克/升三氟甲吡醚乳油 | 防治蔬菜小菜蛾，用3 000～4 000倍液喷雾 |
| | 60克/升乙基多杀菌素悬浮剂 | 防治蔬菜甜菜夜蛾、小菜蛾、蓟马，用1 000～2 000倍液喷雾 |
| | 25克/升多杀霉素悬浮剂 | 防治蔬菜小菜蛾、蓟马，用1 000～2 500倍液喷雾 |
| | 10%二氯苯醚菊酯乳油 | 防治蔬菜小菜蛾、菜青虫、甜菜夜蛾、蚜虫，用4 000～5 000倍液喷雾 |
| | 50%丙溴磷乳油 | 防治蔬菜小菜蛾、斜纹夜蛾，用1 000～2 000倍液喷雾 |
| | 20%双甲脒乳油 | 防治蔬菜红蜘蛛，用1 000～1 500倍液喷雾 |
| | 15%哒螨灵乳油 | 防治蔬菜红蜘蛛、朱砂叶螨，用1 500～3 000倍液喷雾 |
| | 5%唑螨酯悬浮剂 | 防治蔬菜红蜘蛛，用2 000～3 000倍液喷雾 |
| | 73%炔螨特乳油 | 防治蔬菜红蜘蛛、朱砂叶螨，用2 000～3 000倍液喷雾 |
| | 5%噻螨酮乳油 | 防治蔬菜红蜘蛛，用2 000～3 000倍液喷雾 |
| | 30%嘧螨酯悬浮剂 | 防治蔬菜红蜘蛛，用2 000～3 000倍液喷雾 |
| | 10%浏阳霉素乳油 | 防治蔬菜红蜘蛛，用1 000～2 000倍液喷雾 |
| | 50%溴螨酯乳油 | 防治蔬菜红蜘蛛，用1 000～2 000倍液喷雾 |
| | 15%唑虫酰胺乳油 | 防治蔬菜蓟马、小菜蛾，用2 000～3 000倍液喷雾 |

续表

| | 品种及制剂名称 | 应用技术 |
|---|---|---|
| 杀虫剂 | 2.5%溴氰菊酯乳油 | 防治蔬菜小菜蛾、菜青虫、蚜虫、黄条跳甲，用1 500～2 500倍液喷雾 |
| | 20%甲氰菊酯乳油 | 防治蔬菜小菜蛾、菜青虫，用1 000～2 000倍液喷雾 |
| | 2.5%氯氟氰菊酯乳油 | 防治蔬菜小菜蛾、菜青虫、蚜虫、甜菜夜蛾、美洲斑潜蝇，用1 000～2 000倍液喷雾 |
| | 20%氰戊菊酯乳油 | 防治蔬菜菜青虫、蚜虫，用1 000～1 500倍液喷雾 |
| | 10%氯氰菊酯乳油 | 防治蔬菜小菜蛾、菜青虫、蚜虫、甜菜夜蛾、美洲斑潜蝇，用1 000～2 000倍液喷雾 |
| | 2.5%高效氯氟氰菊酯乳油 | 防治蔬菜小菜蛾、菜青虫、蚜虫、甜菜夜蛾、美洲斑潜蝇，用1 500～3 000倍液喷雾 |
| | 10%四聚乙醛颗粒剂 | 防治蔬菜蜗牛、蛞蝓，用40～50克/亩撒施 |
| 植物生长调节剂 | 2，4-D | 促进番茄坐果，用10～20毫克/升抹花梗 |
| | 防落素 | 防止番茄落花落果，用10～20毫克/升在开花期喷花 |
| | 氯吡脲 | 促进西瓜坐瓜膨大，用0.1%水剂50～100倍液在雌花开花时喷花；提高番茄产量和抗性，用100毫克/升在生长期、开花期喷雾 |
| | 芸薹素内酯 | 提高幼苗抗性，促进壮苗，用0.01毫克/升在苗期叶面喷雾 |
| | 赤霉素 | 促进黄瓜种子发芽，用150～250毫克/升浸种3小时；提高番茄坐果率，用30～35毫克/升在开花时喷花一次 |
| | 乙烯利 | 诱导增加雌花数量，用100毫克/升在幼苗1～3片真叶时喷雾 |